Medienwirtschaftliche Formelsammlung

Bob Hagen

Medienwirtschaftliche Formelsammlung

Impressum

Herstellung und Verlag: Books on Demand GmbH, Norderstedt

ISBN 978-3-8391-1638-8

Bibliografische Information der Deutschen Nationalbibliothek

Die Deutsche Nationalbibliothek verzeichnet diese Publikation in der Deutschen Nationalbibliografie; detaillierte bibliografische Daten sind im Internet über http://dnb.d-nb.de abrufbar.

Inhalt

Inhalt

Inhalt

Teil 1: Wirtschaft

Gliederung der Kostenrechnung

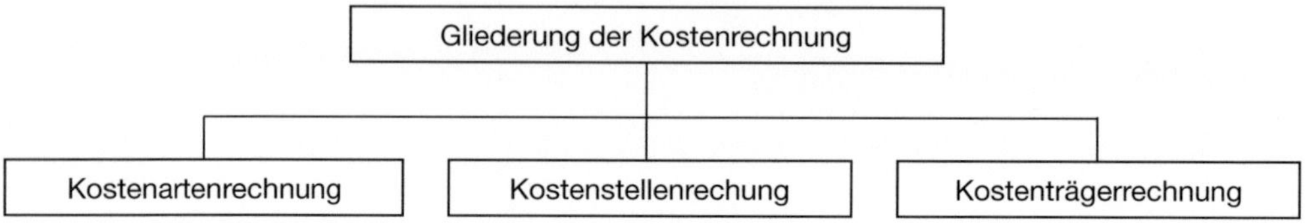

Unterscheidung Aufwand < > Kosten

$$Wirtschaftlichkeit = \frac{Ertrag\,[\text{Leistung}]}{Aufwand\,[\text{Kosten}]}$$

$$Produktivität = \frac{Produktionsergebnis}{eingesetze\ Faktoren[\text{Arbeit, Kapital, Boden}]} = \frac{\textbf{Output}}{\textbf{Input}}$$

$$Arbeitsproduktivität = \frac{Arbeitsmenge(Ausbringungsmenge)}{Arbeitszeit}$$

$$Rentabilität = \frac{Reinertrag\,[\text{Gewinn}]*100}{eingesetzes\ Kapital\,[\text{Eigen- oder Gesamtkapital}]}$$

$$\text{Rendite } R = \frac{G}{EK} \times 100 = \text{Ergebnis } \%$$

$$\text{Umsatzrendite } R_U = \frac{G}{U} \times 100 = \text{Ergebnis } \%$$

$$\text{Gesamtkostenrendite } R_{GK} = \frac{G + FKZ}{GK} \times 100 = \text{Ergebnis } \%$$

Eigenkapital	= EK
Fremdkapital	= FK
Fremdkapitalzinsen	= FKZ
Gesamtkapital	= GK
Gewinn	= G
Rentabilität / Rendite	= R
Umsatz	= U
Umsatzrentabilität	= R_U
Gesamtkostenrentabilität / Unternehmensrentabilität	= R_{GK}

Fixe und variable Kosten

Fixe Kosten

Z.B.: Pacht, Miete 15.000 €
Zinsen 5.000 €
Gehälter 30.000 €

⇒ Unabhängig von der Produktionsmeng (Beschäftigungsgrad)

Variable Kosten

Z.B.: Fertigungsmaterial 80.000 €
Fertigungslohn 20.000 €

⇒ Abhängig von der Produktionsmenge (Beschäftigungsgrad)

Fixe Gesamtkosten

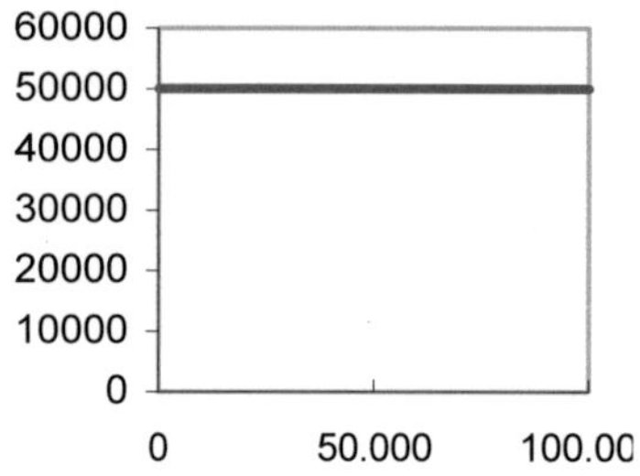

Variable Gesamtkosten

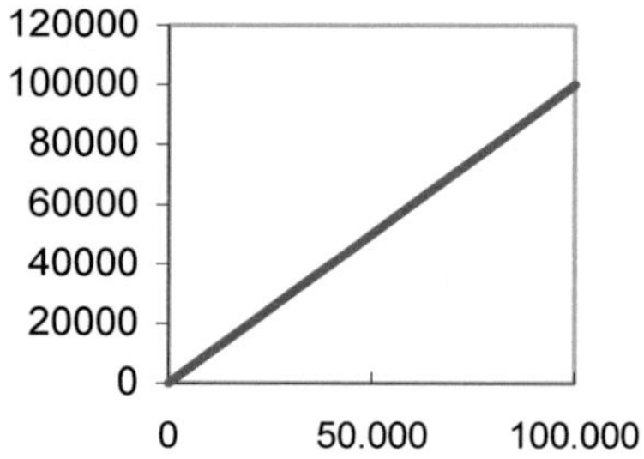

Fixe Stückkosten

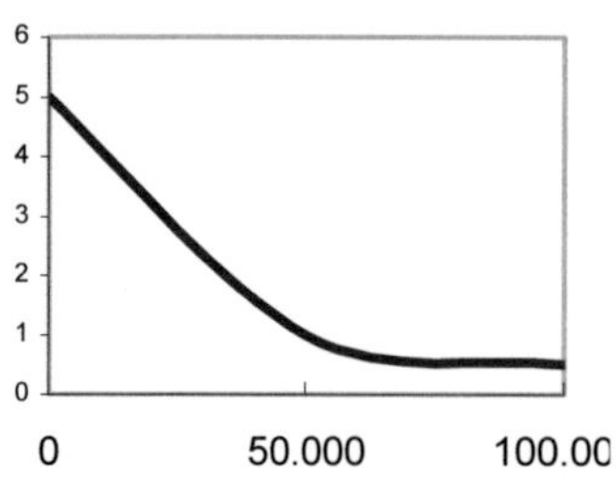

Variable Stückkosten

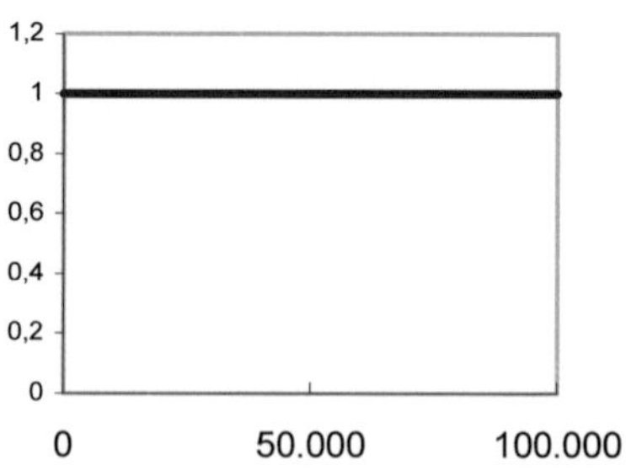

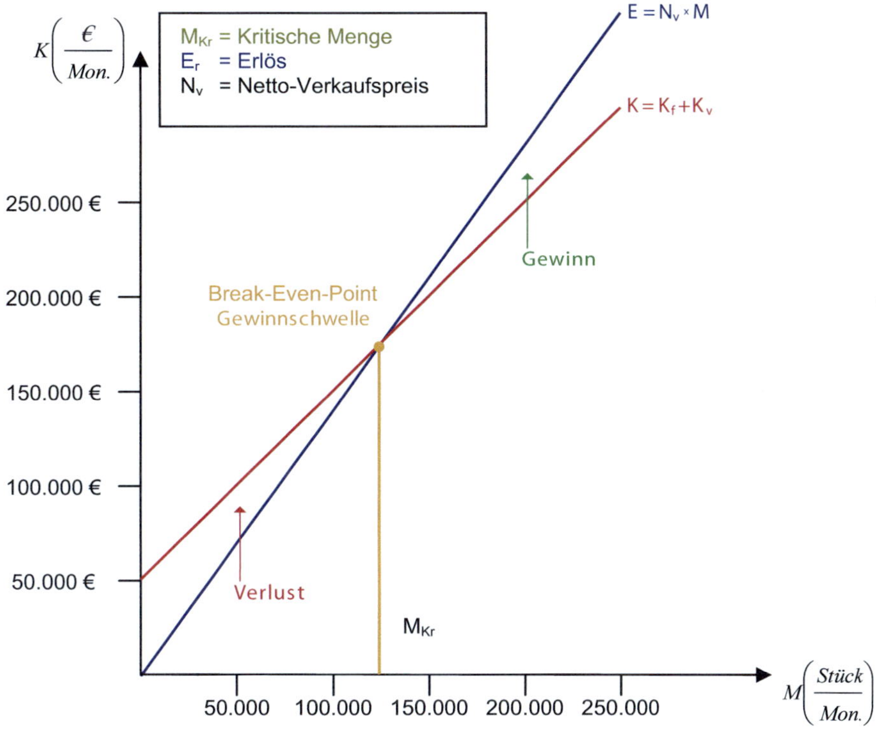
K(€/Mon.)
M_Kr = Kritische Menge
E_r = Erlös
N_v = Netto-Verkaufspreis
E = N_v × M
K = K_f + K_v
250.000 €
200.000 €
150.000 €
100.000 €
50.000 €
Gewinn
Break-Even-Point
Gewinnschwelle
Verlust
M_Kr
50.000
100.000
150.000
200.000
250.000
M(Stück/Mon.)

Abgrenzung Betriebs- / Unternehmensergebnis

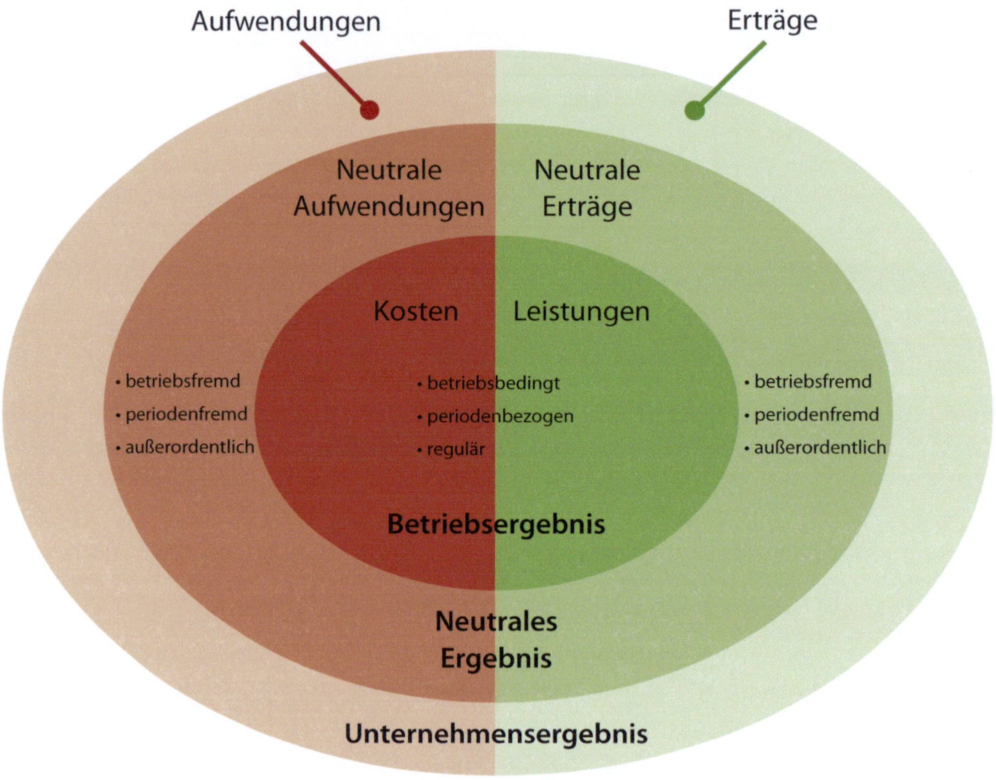

Kontenbezeichnung	Neutrales Ergebnis		KLR	
	Aufwand	Ertrag	Kosten	Leistungen
Abschreibung (z. B. auf Sachanlagen)			✓	
Aufwendungen für Büromaterial			✓	
Aufwendungen für diesen Materialverbrauch			✓	
Aufwendungen für Versicherungen			✓	
Aufwendungen für Werkstoffe			✓	
Bestandsminderungen			✓	
Betriebssteuern			✓	
Erträge aus Abgang Anlagegegenstände		✓		
Erträge aus Auflösung von Rückstellungen		✓		
Erträge aus Beteiligungen		✓		
Erträge aus Vermietungen und Verpachtungen		✓		
Fremdinstandhaltung			✓	
Gehälter			✓	
Gewerbesteuer			✓	
Kalkulatorische Abschreibungen auf Anlagen			✓	
Kalkulatorische Zinsen			✓	
Kalkulatorischer Unternehmerlohn			✓	
Löhne und Gehälter			✓	
Minderbestand an Fertigerzeignissen			✓	
Personalaufwendungen			✓	
Sonstige Aufwendungen			✓	
Sozialabgaben auf Gehälter			✓	
Sozialabgaben für Löhne			✓	
Spenden	✓			
Steuernachzahlungen	✓			
Umsatzerlöse für Erzeugniswaren				✓
Umsatzerlöse für Handelswaren				✓
Verbrauch an Roh-, Hilfs- und Betriebsstoffen zu Verrechnungspreisen			✓	
Verluste aus Abgang von Anlagegegenständen	✓			
Verluste aus Wertpapierverkäufen	✓			
Zinsaufwendungen	✓			
Zinserträge		✓		

Kostenvergleichsrechnung

Ermittlung der kritischen Stückzahl

$$M_{Kr} = \frac{K_{f2} - K_{f1}}{K_{v1} - K_{v2}}$$

M_{Kr} = Kritische Stückzahl in **Stück**
K_{f1} = Fixkosten von Variante1 pro Jahr in **€/a**
K_{f2} = Fixkosten von Variante2 pro Jahr in **€/a**
K_{v1} = Variable Kosten von Variante1 in **€/Stück**
K_{v2} = Variable Kosten von Variante2 in **€/Stück**

Kosten pro Jahr

$$K = K_f + k_v * x$$

K = Gesamtkosten pro Jahr in **€/a**
K_f = Fixkosten pro Jahr in **€/a**
K_v = Variable Kosten in **€/Stück**
x = Menge in **Stück/Jahr**

Ermittlung der kritischen Stückzahl

$$M_{Kr} = \frac{K_f}{\underbrace{e - k_v}_{[\,db}}$$

M_{Kr} = Kritische Stückzahl in **Stück**
K_f = Fixkosten pro Jahr in **€/a**
e = Erlös pro Stück in **€/Stück**
k_v = Variable Kosten pro Stück in **€/Stück**
[db = Deckungsbeitrag in **€/Stück**

Ist-Beschäftigungsgrad $= \frac{\text{Istbeschäftigung}}{\mathit{Planbeschäftigung}} \times 100$

Nutzkosten $= \mathit{Fixkosten} \times \frac{\text{Istbeschäftigung}}{\mathit{Planbeschäftigung}}$

Leerkosten $= \mathit{Fixtkosten} - \mathit{Nutzkosten}$

Kapazitätsauslastungsgrad (%) $= \frac{\text{tatsächliche Leistung}}{\text{Leistungsvermögen}} \times 100$

Leistungsgrad

$$L = \frac{\text{Beobachtete Istleistung}}{\text{Normalleistung}} \cdot 100$$

Zeitgrad

$$Z = \frac{\text{Soll-Auftragszeit}}{\text{Ist-Auftragszeit}} \cdot 100$$

Planungsfaktor

$$p = \frac{\text{Kapazitätsbestand real}}{\text{Kapazitätsbestand theoretisch}}$$

Kapazitäsbestand real =

Kapazitätsbestand theoretisch – nicht nutzbare Kapazität

Abschreibungen

Lineare Abschreibung

$$\text{Abschreibung} = \frac{\text{Wiederbeschaffungswert} - \text{Restwert}}{\text{n(Nutzungsjahre)}}$$

Wiederbeschaffungswert = Wiederbeschaffungswert + Aufstellungs- & Anlaufkosten

Restwert =verbleibender(geschätzter) Verkaufserlös nach **n**(Nutzungsjahren)
= **0** wenn nicht anders angegeben !

Arithmetisch-degressive Abschreibung

Jährlicher Abschreibungsbetrag (A_t) =
Degressionsbetrag*Jahresziffer → *Mit der größten Jahresziffer beginnen !*

$$\text{Degressionsbetrag} = \frac{\text{Wiederbeschaffungswert} - \text{Restwert}}{\text{Summe der Jahresziffern(Bsp.}: 5+4+3+2+1)}$$

Geometrisch-degressive Abschreibung

Abschreibungsbetrag einer Periode =

$$\frac{\text{Abschreibungsprozentsatz}}{100\%} * \text{Buchwert der Vorperiode}$$

Abschreibungssatz (Z_A) =

$$\left(1 - \sqrt[n]{\frac{\text{Restwert}}{\text{Wiederbeschaffungswert}}}\right) * 100\%$$

n =Nutzungsdauer

Progressive Abschreibung

Jährlicher Abschreibungsbetrag (A_t) = Degressionsbetrag*Jahresziffer → *Mit der kleinsten Jahresziffer beginnen !*

$$\text{Degressionsbetrag} = \frac{\text{Wiederbeschaffungswert} - \text{Restwert}}{\text{Summe der Jahresziffern(Bsp.}: 5 + 4 + 3 + 2 + 1)}$$

Leistungsabhängige Abschreibung

Abschreibungsbetrag je Periode = Abschreibungsbetrag je E * hergestellte Menge

Abschreibungsbetrag je E =

$$\frac{\text{Wiederbeschaffungswert} - \text{Restwert}}{\text{gesamtes Nutzungspotential}}$$

E = Leistungseinheit

Leistungsabschreibung

$$a_L = \frac{\text{AK x AfA-Leistung im AfA-Jahr}}{\text{geschätzte Gesamtleistung}}$$

oder

$$a_L = \frac{\text{Ist-Leistung x Jahre}}{\text{Gesamtleistung}}$$

Einstufige Divisionskalkulation

Selbstkosten je Stück (k)

$$= \frac{\text{Gesamtkosten (K)}}{\text{produzierte und abgesetzte Menge (x)}}$$

Zweistufige Divisionkalkulation

Selbstkosten je Stück (k)

$$= \frac{\text{Herstellkosten } (K_H)}{\text{produzierte Menge } (x_p)} + \frac{\text{Verw. und Vertr.kosten } (K_w)}{\text{abgesetzte Menge } (x_A)}$$

Mehrstufige Divisionskalkulation

$$\text{Selbstkosten je Stück} = \frac{\text{Herstellkosten 1}}{\text{prod. Menge 1}} + \frac{\text{Herstellkosten 2}}{\text{prod. Menge 2}}$$

$$+ \ldots + \frac{\text{Herstellkosten n}}{\text{prod. Menge n}} + \frac{\text{Verw. und Vertr.kosten}}{\text{abgesetzte Menge}}$$

Voraussetzung für die Anwendung:

- Einproduktunternehmen
- keine Lagerbestandsveränderungen

Einstufige Divsionskalkulation

Der Einsatz der Einstufigen Divisinskalkulation bedingt, dass folgende Voraussetzungen im Unternehmen erfüllt sein müssen:

- Es wird nur ein Erzeugnis hergestellt
- Lagerbestandsveränderungen an unfertigen Erzeugnissen erfolgen nicht
- Lagerbestandsveränderungen an unfertigen Erzeugnissen erfolgen nicht

$$k = \frac{K}{x}$$

k = Stückkosten de Periode (€ / Stück)

K = Gesamtkosten de Periode (€ / Periode)

x = Anzahl Stück / Menge (Menge / Periode)

Differenzierende einstufige Divsionskalkulation

$$k_1 = \frac{K_1}{x_1}$$

$$k = k_1 + k_2 + k_3 + k_4 + \ldots$$

Betriebsabrechnungsbogen

		Verteilungs-schlüssel	zu ver-rechnende Kosten	allgemeine Kostenstelle Gebäude	Fertigungskostenstellen -hauptkostenstellen Fertigung 1	Fertigung 2	-hilfs Meister	Material	Verwaltung und Vertrieb
		Nutzfläche in m^2	800	0	300	250	20	150	80
Z / S	1	2	3	4	5	6	7	8	9
1	Gemeinkostenmaterial	direkt	3.614 €	140 €	980 €	1.800 €	210 €	100 €	384 €
2	Energiekosten	direkt	1.790 €	210 €	660 €	370 €	80 €	150 €	320 €
3	Hilfslohn- & Gehaltskosten	direkt	50.990 €	6.350 €	0 €	0 €	9.450 €	14.800 €	20.390 €
4	kalkulatorisch Abschreibung	direkt	39.540 €	9.300 €	19.500 €	4.800 €	1.860 €	800 €	3.280 €
5	∑ je Kostenstelle		95.934 €	16.000 €	21.140 €	6.970 €	11.600 €	15.850 €	24.374 €
6	Gebäude	Nutzfläche	16.000 €		6.000 €	5.000 €	400 €	3.000 €	1.600 €
7	∑ der Gemeinkosten nach Verteilung der allgemeinen Kostenstellen		95.934 €		271.400 €	11.970 €	12.000 €	**18.850 €**	**25.974 €**
8	Meister	Mitarbeiter	**12.000 €**		**4.500 €**	**7.500 €**			
9	∑ der Fertigungsgemeinkosten		51.110 €		31.640 €	19.470 €			
10	Fertigungslohnkosten		27.800 €		11.300 €	16.500 €	+		
11	Fertigungslkosten		**78.910 €**		**42.940 €**	**35.900 €**			
12	Materialeinzelkosten		75.400 €						
13	Materialgemeinkosten	+	**18.850 €**						
14	Materialkosten		94.250 €	+					
15	Herstellkosten		173.160 €						
16	Verwaltungs- und Vertriebskosten		**25.974 €**						
17	Selbstkosten		199.134 €						

$$\frac{Gebäude}{Nutzfläche} = Preis\,\frac{€}{m^2} \qquad \frac{16000€}{800m^2} = 20\,\frac{€}{m^2}$$

$$\frac{Lohnkosten}{Mitarbeiter_{gesamt}} \times MitarbeiterFertigung = Lohn$$

$$\frac{12000}{3+5} \times 3 = 4500€ \qquad \frac{12000}{3+5} \times 5 = 7500€$$

Der Betriebsabrechnungsbogen

Kostenstellen	Zahlen der Buchhaltung	Algemeiner Bereich		Materialbereich	Fertigungsbereich				Verwaltungsbereich	Vertriebsbereich
Kostenarten					Hilfskostenstelle		Hauptkostenstelle			
		1	2		1	2	A	B		
Fertigungsmaterial	100			100						
Fertigungslohn	200						120	80		
Energie	540	20	30	40	50	60	70	80	90	100
Hilfslöhne	540	20	30	40	50	60	70	80	90	100
Sonstige	540	20	30	40	50	60	70	80	90	100
Summe	1620	60	90	120	150	180	210	240	270	300
Umlage allg. Bereich 1				10	10	10	10	10	5	5
Umlage allg. Bereich 2				20	20	10	10	10	10	10
Summe				150	180	200	230	260	285	315
Umlage Hilfskostenstelle 1							100	80		
Umlage Hilfskostenstelle 2							100	100		
Summe				150			430	440	285	315
Gemeinkosten-zuschläge %				150%			358,3%	550%	25,45%	28,13%

- Kostenarten
- Kostenstellen
- Primäre G.K.
- Umlage allg. Bereich 1
- Umlage allg. Bereich 2
- Sekundäre G.K.
- Umlage Hilfskostenstelle 1
- Umlage Hilfskostenstelle 2
- Gemeinkosten gesamt
- Gemeinkosten Zuschlagssätze

Zeitstudie

Vorgabezeit =	= Soll-Zeit für Arbeitsabläufe, die von Menschen und Betriebsmitteln ausgeführt werden.
Vorgabezeit =	**Grundzeit + Verteilzeit + Erholungszeit**
Vorgabezeit = *Auftrag*	**Rüstzeit + ((Grundzeit + Verteilzeit + Erholungszeit) x Stück)**

Rüstzeit	Ist die Zeit, während das Betriebsmittel von Menschen gerüstet wird Sie fällt bei einem Auftrag in der Regel nur einmal an.
Grundzeit	Ist die Zeit, die zum Ausführen einer Mengeneinheit (ME) durch den Menschen erforderlich ist.
Verteilzeit	Ist die Zeit, die zusätzlich zur planmäßigen Ausführung eines Ablaufes durch den Menschen erforderlich ist und bezieht sich auf eine Mengeneinheit (ME)
Erholungszeit	Ist die Zeit, die für das Erholen des Menschen notwendig ist. Sie bezieht sich auf eine Mengeneinheit (ME).

Amortisationsdauer

$$t_A = \frac{\text{Investitionskosten (€)}}{\text{G + AfA (€/Jahr)}} = \text{Jahre}$$

Rentabilität

$$R = \frac{\text{Gewinn}}{\text{ø Investitionskosten}} \cdot 100$$

Zusammenhang Rabatt / Skonto / Mehrwertsteuer

	Herstellungskosten:	100%	
-	Rabatt	2%	100%
=		98%	
		19	
+	Mehrwertsteuer	119%	100%
=		116%	
-	Skonto	2%	100%
		98%	

Bruttolohn = 100%
Nettolohn = Bruttolohn - Abzüge

Mit der XYZ-Analyse ist eine Entscheidungshilfe für die Festlegung der Beschaffungsart gegeben.
Die Güter werden auf Basis der jeweiligen Beschaffungsart in X-, Y- und Z- Güter eingeteilt

Materialbeschaffung in Abhängigkeit von der ABC- und XYZ-Analyse

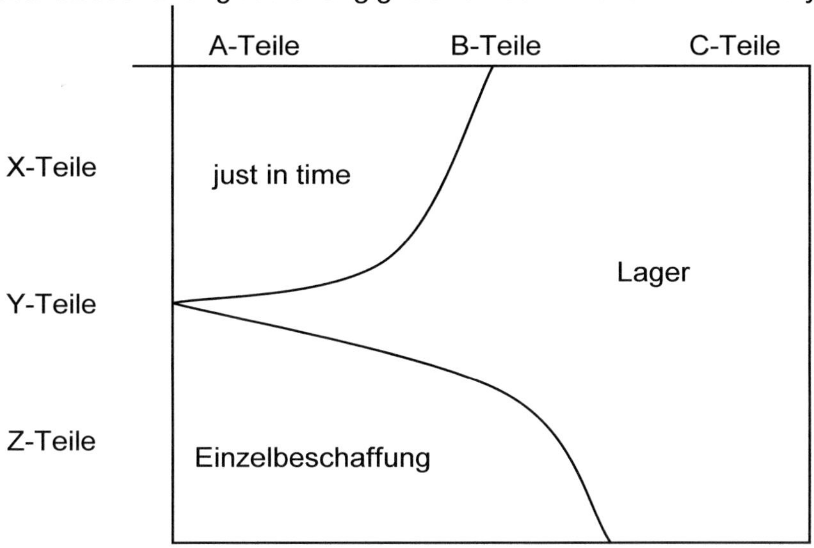

X- Güter	Y- Güter	Z- Güter
Konstanter Bedarf	Schwankender Bedarf	Unregelmäßiger Bedarf

Netzplan

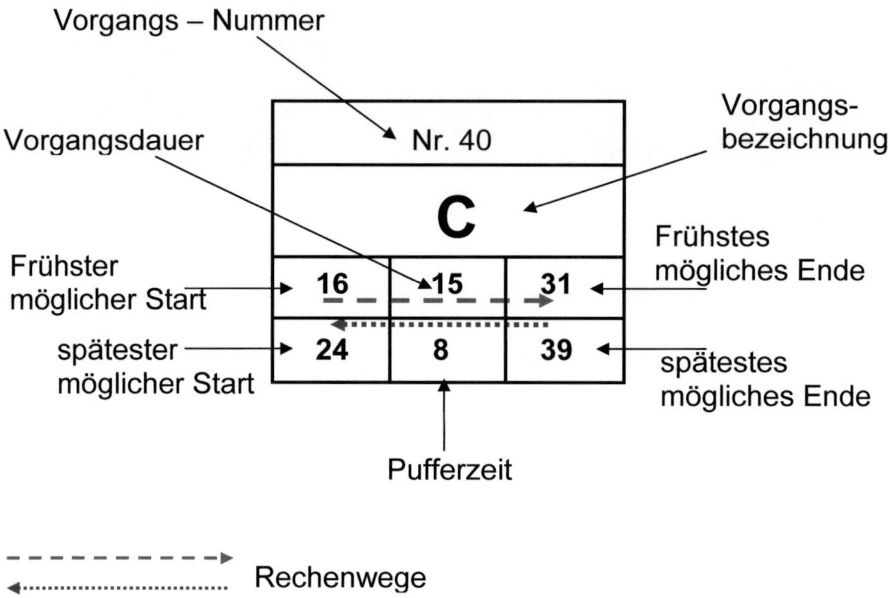

Frühster möglicher Start	=	Frühstes mögliches Ende Vorgänger (Start = 0)
Spätester möglicher Start	=	spätestes mögliches Ende – Vorgangsdauer
Frühstes mögliches Ende	=	Frühster möglicher Start + Vorgangsdauer
Spätestes mögliches Ende	=	spätester möglicher Start Vorgänger
Pufferzeit (Gesamt)	=	spätester möglicher Start - Frühster möglicher Start
	=	spätestes mögliches Ende - Frühstes mögliches Ende
Spätestes mögliches Ende	=	Rückwärtsrechnung von Vorgänger
	=	Rückwärtsrechnung von Ende

Tausenderkontaktpreis
= wie teuer es ist, 1000 Personen mit einer Werbebotschaft zu erreichen.

$$TKP = \frac{\text{Seitenpreis x 1000}}{\text{Leserschaft je Ausgabe}}$$

Der qualitative Tausenderkontaktpreis gibt an, wie teuer es ist, 1000 Personen **der Zielgruppe** mit einer Werbebotschaft zu erreichen.

$$TKP_{qual} = \frac{\text{Seitenpreis x 1000}}{\text{Leserschaft je Ausgabe x qualitative Reichweite}}$$

Kalkulatorischer Zinssatz

$$\text{Kalkulatorische Zinsen} = \frac{1}{2} * \text{Anschaffungswert} * \text{Zinssatz}$$

Kalkulatorischer Wagnisse (Risiken)

$$= \frac{\sum \text{der.entstandenen.Wagniskosten}}{\sum \text{der.Basisgrößen}} \times \text{Planbezugsgröße}$$

Qualitätskosten ⟷ Wirtschaftlichkeit

Gegenmaßnahmen für Fehlerkosten berechnen

↓ Entwicklung

frühzeitige Erkennung von Fehlerursachen

10er Regel nach Tagushi

Ermittlung und Vermeidung potentieller Fehler		Entdeckung und Beseitigung interner Fehler		Entdeckung und Beseitigung externer Fehler
0,01	0,10	1,00	10,00	100,00 Kosten je Fehler
Produkt-entwicklung	Prozess-planung	Beschaffung	Fertigung	Nutzung
Hersteller				Kunde

Make or buy-Entscheidung

Entscheidung zur Fertigungstiefe sind in der Regel Make-or-buy Entscheidungen. Vor der Entscheidung „Eigenfertigung oder Fremdbezug“ sind eine Reihe von Gründen zu bewerten, um eine Senkung der Kosten zu erreichen.

- kurzfristige Entscheidung
  Quantitative Entscheidungskriterien (Entscheidungen durch Kostenvergleich) für kurzfristige Entscheidungen sind die variablen Stückkosten (k_V) der Eigenfertigung und der Einstandspreis (e_p) je Stück bei Fremdbezug.
- langfristige Entscheidung
  Für langfristige Entscheidung sind die Fixkosten (K_f) zu beachten und die Übergangsmenge (m) – Menge, ab der sich die Eigenfertigung gegenüber dem Fremdbezug lohnt – ist zu ermitteln

Eigenfertigung $= K_f + k_v \times m < e_p \times m$

Fremdbezug $= K_f + k_v \times m > e_p \times m$

K_f = Fixkosten (€ / Periode)

k_V = variablen Stückkosten (€ / Stück)

m = Menge (Stück / Periode)

e_p = Einstandspreis (€ / Stück)

Stück		Gesamt
e	Verkaufspreis	E
– kv	– var. Kosten	– Kv
------	------------------------------	------
dB	Deckungsbeitrag	DB
– kf	– fixe Kosten	– Kf
------	------------------------------	------
g	Gewinn/Erfolg	G

DB ≥ Kf ---> fixe Kosten sind gedeckt

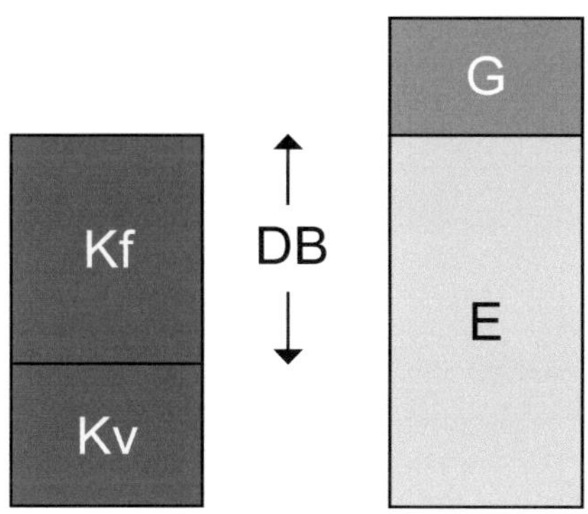

$$e_{Kr} = \frac{Kf}{DB}$$

$$E_{Kr} = \frac{Kf \times e}{dB}$$

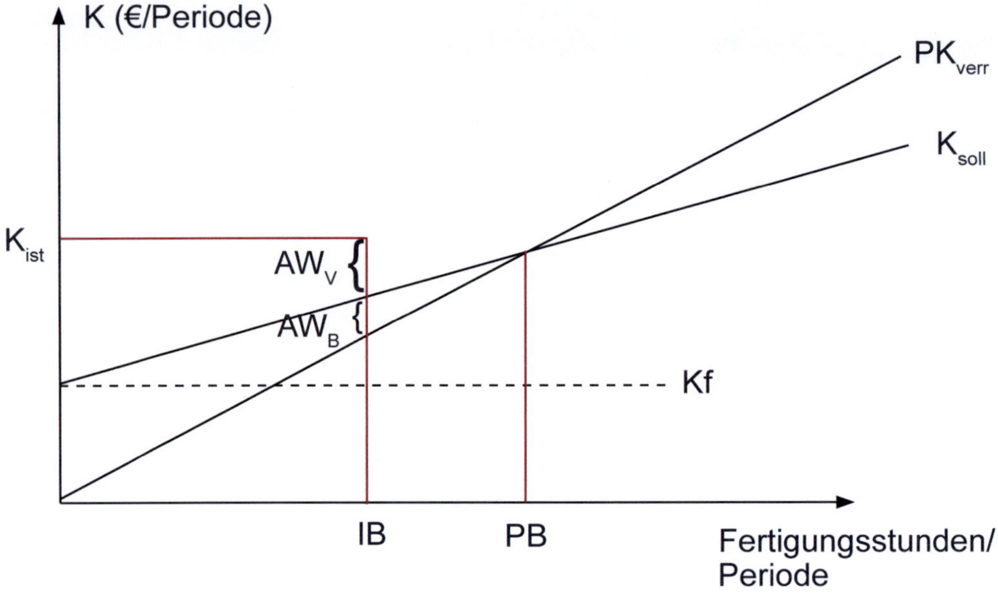
K (€/Periode)
PK verr
K soll
K ist
AW V
AW B
Kf
IB
PB
Fertigungsstunden/
Periode

$$BG = \frac{IB}{PB} \cdot 100\ \%$$

$$PVS = \frac{BPK}{PB}$$

$$PVS_v = \frac{BPK_v}{PB}$$

$$PVS_f = \frac{BPK_f}{PB}$$

$$PK_{verr} = \frac{BG}{100} \cdot BPK \text{ oder } IB \cdot PVS$$

$$K_{soll} = BPK_f + \left(BPK_v \cdot \frac{IB}{PB}\right) \text{ oder } BPK_f + (PVS_v \cdot IB)$$

$$AW_G = K_{ist} - PK_{verr} \quad \text{oder } AW_V + AW_B$$

$$AW_v = K_{ist} - K_{soll}$$

$$AW_B = K_{soll} - PK_{verr}$$

$$AW_P = (m_i \cdot P_p) - (m_i \cdot P_i)$$

Abkürzungen

IB = Istbeschäftigung (Stunden)
PB = Planbeschäftigung (Stunden)
BPK = Basisplankosten
BG = Beschäftigungsgrad
PVS = Plankostenverrechnungssatz
PVS_v = variabler PVS
PVS_f = fixer PVS
PK_{verr} = verrechnete Plankosten
K_{ist} = Istkosten
K_{soll} = Sollkosten
AW_G = Gesamtabweichung
AW_V = Verbrauchsabweichung
AW_B = Beschäftigungsabweichung
AW_P = Preisabweichung
P_p = Planpreis
m_i = Istmenge
P_i = Istpreis

Eine Äquivalenzziffer gibt an, in welchem Verhältnis die Kosten eines Produktes zu den Kosten eines Einheitsproduktes (Einheitssorte) mit der Äquivalenzziffer 1 (100%) stehen.

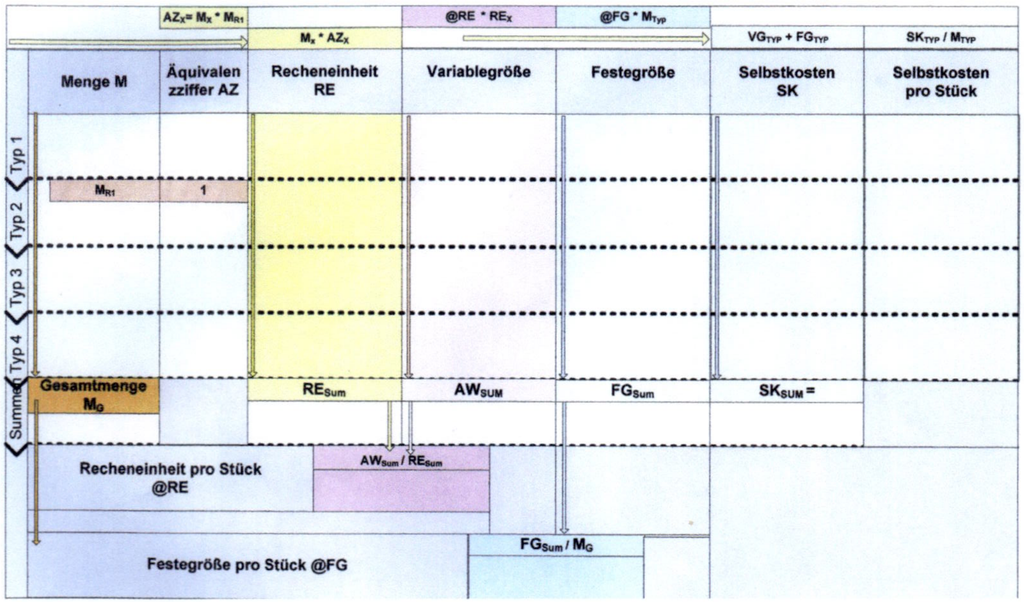

- Tabelle erstellen, Spalten bezeichnen
- Äquivalenzzahlen berechnen/eintragen M_X
- Gesamtwert Variablegröße bestimmen/ eintragen
- Recheneinheit pro Stück ermitteln
- Teilwerte der Variablengröße berechnen und mit Gesamtsumme kontrollieren
- Selbstkosten pro Typ ermitteln und mit M+ zwischenspeichen und durch Typmenge (Selbstkosten pro Stück)
- Summe der Selbstkosten aus Zwischenspeicher holen

Eine Äquivalenzziffer gibt an, in welchem Verhältnis die Kosten eines Produktes zu den Kosten eines Einheitsproduktes (Einheitssorte) mit der Äquivalenzziffer 1 (100%) stehen.

Sorte	Produktionsmenge in Stück	Äquivalenzziffer Ä	Recheneinheit	Kosten pro Recheneinheit	Anteilige Gesamtkosten	Produktionsmenge in Stück	Stückkosten
1	720.000 ·	1,1	= 792.000		= 475.200	: 720.000	= 0,66
2	105.000 ·	1,3	= 136.500	· 0,60	= 81.900	: 105.000	= 0,78
3	140.000 ·	1,8	= 252.000		= 151.200	: 140.000	= 1,08
			1.180.500		**708.300**		

708.300 € : 1.180.500 Stk. = 0,60 €/Stk.

	FM / MEK	Fertigungsmaterial / Materialeinzelkosten	
+	MGK	Materialgemeinkosten	
=	**MK**	**Materialkosten**	
	FL / FEK	Fertigungslöhne / Fertigungseinzelkosten	
	MAK	Maschinenkosten	
+	FGK	Fertigungsgemeinkosten	
+	RFGK	Restfertigungsgemeinkosten	
+	SEKF	Sondereinzelkosten der Fertigung	
=	**FK**	**Fertigungskosten**	
	FK	Fertikungskosten	
+	MK	Materialkosten	
=	**HK**	**Herstellkosten**	**= 100%**
+	VWGK	Verwaltungsgemeinkosten	
+	VtGK	Vertriebsgemeinkosten	
+	SEKVT	Sondereinzelkosten des Vertriebs	
=	**SK**	**Selbstkosten**	**= größer 100 %(+Zuschläge>10**
+	GZ	Gewinnzuschlag	
=	**BVP**	**Barverkaufpreis**	**- (Provision + Skonto)** **=größer 100% (+ GZ)**
+	VP	Vertreterprovision	Prozentsätze werden addiert
+	KSK	Kundenskonto	
=	**ZVP**	**Zielverkaufpreis**	**- Kundenrabatt**
+		**Kundenrabatt**	
=	**LVP**	**Listenverkaufpreis (netto) / Angebotspreis**	
+		Umsatzsteuer 19 %	
=	**VP**	**Verkaufpreis (brutto)**	

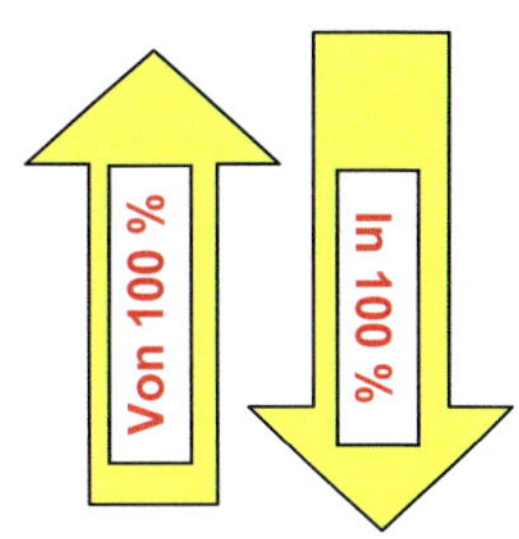

Achtung bei einer Nachkalkulation wird von unten nach oben gerechnet

Vorwärtskalkulation

HK	Herstellkosten		326,71	100%
VGK	Verwaltungsgemeinkosten	3,00	9,80	3%
VtGK	Vertriebsgemeinkosten	5,00	16,34	5%
SK	Selbkosten		352,85	108%

SKP	Selbstkostenpreis		352,85	100%
G	Gewinn	8,00	28,23	8%
BVP	Barverkaufspreis		381,08	108%

BVP	Barverkaufspreis		381,08	92%
KSK	Kundenskonto	3,00	12,43	3%
VP	Vertreterprovision	5,00	20,71	5%
ZVP	Zielverkaufspreis		414,21	100%

ZVP	Zielverkaufspreis		414,21	80%
KR	Kundenrabatt	20,00	103,55	20 %
NVP	Nettoverkaufspreis		517,77	100%

NVP	Nettoverkaufspreis		517,77	100%
UMSt	Umsatzsteuer	16,00	82,84	16%
BRP	Bruttoverkaufspreis		600,61	116%

HK	**Herstellkosten**		**36,11**	100%
VGK	**Verwaltungsgemeinkosten**	**3,00**	**1,08**	3%
VtGK	**Vertriebsgemeinkosten**	**5,00**	**1.81**	5%
SK	**Selbkosten**		**39,00**	108%

SKP	**Selbstkostenpreis**		**39,00**	100%
G	**Gewinn**	**5,00**	**1.95**	5%
BVP	**Barverkaufspreis**		**40,95**	105%

BVP	**Barverkaufspreis**		**40.95**	91%
KSK	**Kundenskonto**	**3,00**	**1,35**	3%
VP	**Vertreterprovision**	**6,00**	**2.70**	6%
ZVP	**Zielverkaufspreis**		**45,00**	100%

ZVP	**Zielverkaufspreis**		**45,00**	75%
KR	**Kundenrabatt**	**25,00**	**15,00**	25%
NVP	**Nettoverkaufspreis**		**60,00**	100%

NVP	**Nettoverkaufspreis**		**60,00**	100%
UMSt	**Umsatzsteuer**	**16,00**	**9,60**	16%
BRP	**Bruttoverkaufspreis**		**69,60**	116%

Die ABC-Analyse findet man im Bereich „Bedarfsplanung“, d. h. es werden die Mengen an Bedarf in artmäßiger, mengenmäßiger und zeitlicher Hinsicht bestimmt.

Man unterscheidet hierbei verschiedene Planungsmethoden zur Ermittelung des Bedarfs. Es gibt Methoden, die eine sehr umfassende und detaillierte Planung erfordern und somit hohe Kosten und eine Mehrbelastung der Mitarbeiter verursachen (Auftragsgebundene Disposition) und es gibt Planungsmethoden die weniger aufwendig sind (Verbrauchsgebundene Disposition)

Die ABC-Analyse kann hier unter anderem als Entscheidungshilfe dienen, die geeignetste Planungsmethode festzulegen. Mit Hilfe der ABC-Analyse werden die Materialien in A-Güter, B-Güter und C-Güter eingeteilt und zwar entsprechende ihrem relativen Wertanteil am Gesamtwert der beschafften Materialien.

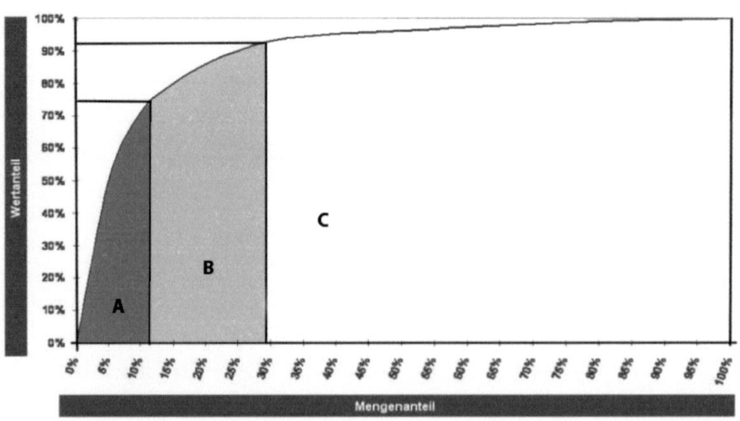

A-Güter :	B-Güter :	C-Güter :
▪ gehen nur in kleinen Mengen in das Produkt ein ▪ sind sehr wertvoll ▪ ca. 15% der Einzelteile machen 80% des Produktwertes aus ▪ sie sollen auftragsgebunden disponiert werden und nicht auf Lager liegen sind besonders sorgfältig zu planen, zu steuern und zu **kontrollieren**	▪ nehmen einen sehr großen Anteil an der Fertigung ein (ca. 35% der Einzelteile) ▪ haben mittlere Wertigkeit ▪ sollen verbrauchsgebunden disponiert werden unter Berücksichtigung optimaler Losgrößen und Lagermengen	▪ stellen ca. 50% der Einzelteile dar ▪ haben niedrige Stückwerte ▪ werden verbrauchsgebunden für längere Fertigungsperioden disponiert eine intensive Planung würde in keinem Verhältnis zu dem wert- **mäßigen Anteil stehen**

Maschinenstundensatz

$$MaKs = \frac{\overbrace{K_A + K_Z + K_R + K_I}^{k_f} + \overbrace{K_E}^{k_v} * BG}{t_{Soll} * BG}$$

MaKs	= Maschinenstundensatz in €/h
K_A	= kalkulatorische Abschreibungskosten
K_Z	= kalkulatorische Zinskosten
K_R	= Raumkosten
K_I	= Instandhaltungskosten
K_E	= Energiekosten
T_{Soll}	= jährliche Nutzungszeit
k_f	= Fixkosten
k_v	= Variable Kosten
BG	= *Auslastung als Faktor* ***(100%=1)***

- Kalkulatorische Abschreibung

$$K_A = \frac{\text{Wiederbeschaffungswert} - \text{Restwert}}{\text{Nutzungsdauer}}$$

- Kalkulatorische Zinskosten

$$K_Z = \frac{1}{2} * \text{Wiederbeschaffungswert} * \frac{\text{Zinssatz}}{100}$$

- Raumkosten

$$K_R = \text{Flächenbedarf} * \text{Mietpreis}$$

- Energiekosten

$$K_E = \text{Energiebedarf} * \text{Strompreis} * \text{tSoll}$$

- Instandhaltungskosten

$$K_r = \text{Wiederbeschaffungswert} * \text{Instandhaltungskosten} * \left(\frac{\text{Instandhaltung }\%}{100}\right)$$

M'aK = Maschinenkosten in €/Stück
t'_{bB} = Gesamtzeit pro Stück in min/Stück
MaKs = Maschinenstundensatz in €/h

$$M'aK = t'_{bB} * MaKs$$

- Gesamtzeit pro Einheit

T_{bB} = BEMI-Belegungszeit in min
T_{rB} = BEMI-Rüstzeit in min
m = Menge
t_{eB} = BEMI-Zeit je Einheit
t'_{bB} = Gesamtzeit pro Einheit in min/Stück

$$T_{bB} = t_{rB} + m * t_{eB}$$

$$t'_{bB} = \frac{T_{bB}}{m}$$

Die Gewinnschwelle ist der Punkte in dem die Kosten gleich den Erlösen eines Unternehmens sind.
Die Schwelle von der Verlust- in die Gewinnzone.

In der betrieblichen Kostenrechnung ist die Gewinnschwelle diejenige Absatzmenge eines Produktes, bei der die Erlöse die Kosten decken und die Gewinnzone beginnt.

Gewinnschwelle

= Kritische Menge
= Deckungspunkt
= Break event point
= Toter Punkt
= Nutzschwelle

$$G = E - K$$

G = Gewinn der Periode (€ / Periode)
E = Erlös der Periode (€ / Periode)
K = Gesamtkosten de Periode (€ / Periode)

$$E = e \times x$$

e = Erlös pro Stück (€ / Stück)
(Nettoverkaufspreis pro Stück)
x = Anzahl Stück / Menge (Menge / Periode)

$$K = K_f + K_v$$

K = Gesamtkosten der Periode (€ / Periode)
K_f = fixe Kosten der Periode (€ / Periode)
K_v = variable Kosten der Periode (€ / Periode)

$$K = K_f + k_v \times x$$

k_v = variable Kosten pro Stück (€ / Stück)
x = Anzahl Stück / Menge (Menge / Periode)

Nutzwertanalyse

Die Nutzwertanalyse berücksichtigt die qualitativen Kriterien eines Investitionsvorhabens.

Schritte	Maßnahmenbeschreibung
1 Festlegung und Strukturierung der Zielkriterien	Auswahl der für die Beurteilung zugrunde gelegten Kriterien. Die Zielkriterien werden aus dem Zielsystem abgeleitet, das dem Problem zugrunde liegt.
2 Zielkriterien-gewichtung	Mit den entsprechenden Gewichtungsfaktoren werden die Zielkriterien gewichtet. Die Gewichtung zeigt die Bedeutung der einzelnen Kriterien an.
3 Teilnutzen-bestimmung	Für jede Alternative wird überprüft, in welchem Maße sie die Kriterien erfüllt.
4 Nutzwertermittlung	Für jede Alternative wird der Nutzwert ermittelt, dazu erfolgt die Zusammenfassung der ermittelten Teilnutzenwerte.
5 Beurteilung der Vorteilhaftigkeit	Es wird die Alternative mit dem höchsten Nutzwert ausgewählt

	Vorteile	Nachteile
Einliniensystem	- Klare, eindeutige Regelungen der Unterstellungsverhältnisse, Kompetenzen und Verantwortungen - Einfacher Aufbau - Überschaubare, transparente Struktur - Eindeutige Kommunikations- und Berichtswege - Einfache Steuer- und Betreubarkeit der Mitarbeiter - Hohes Maß an Ordnung durch straffe Disziplin	- Übergeordnete Einheiten werden mit Koordinationsaufgaben stark beansprucht - Überlastung der Führungskräfte durch Routinetätigkeiten - Lange Weisungswege bei entsprechend langen Instanzen - Unflexible Entscheidungsfindung - Fehlende Dynamik des Systems
Mehrliniensystem	- Spezialisierung - Direkte Weisungswege - Direkte Informationswege - Betonung der Fachautorität - Kontrolle durch mehrere Vorgesetzte - Einzelweisungen durch Kompetenz - Kein schwerfälliger Instanzenweg - Größere Dynamik der Führungskräfte	- Probleme der Abgrenzung von Zuständigkeiten, Weisungen und Verantwortlichkeiten - Schwierige Fehlerzurechnung - Persönliche Konflikte zwischen den Vorgesetzten - Schwierigkeit der einheitlichen Umsetzung der Unternehmensziele - Konfliktpotenzial und mangelnde Arbeitsdisziplin durch Mehrfachunterstellung der Mitarbeiter
Stabliniensystem	- Übersichtliche Struktur - Einheitlicher Instanzenweg - Klare Zuständigkeiten - Beratungsvorteile durch Stäbe - Entlastung der Führungkräfte - Verbesserung der Entscheidungsqualität	- Konfliktgefahr durchTrennung von Entscheidungsvorbereitung und Entscheidung - Blockierung von Stabsvorschlägen möglich - Gefahr von Stab-Linien-Konflikten - Demotivation des Stabes durch fehlende Entscheidungsbefugnis - Kompetenzüberschreitung des Stabes möglich - Gefahr der Überdimensionierung der Stabsstellen - Informelle Macht von Stäben durch Informationsvorsprung zu Entscheidungsträgern
Matrixorganisation	- Sehr flexibles System - Intensive Kommunikation - Verbesserung der Entscheidungsqualität - Motivation durch Beteiligung am Entscheidungsprozess - Gute Eignung bei heterogenem Produktionsprogramm - Direkte Verbindungswege - Entlastung des Top-Managements durch Entscheidungsdelegation - Umfassende Betrachtungsweise der Aufgaben - Förderung von kreativen/qualitativ hochwertigen Problemlösungen	- Weniger Übersichtlichkeit - Konfliktgefahr durch Mehrfachunterstellung - Kaum vermeidbare Kompetenzüberschneidungen zwischen den Entscheidungen - Überforderung der Matrix-Stelleninhaber - Hohe Koordinations-, Kommunikations- und Informationskosten - Unklare Unterstellungsverhältnisse der Organisationseinheiten in den Schnittstellen der Matrix - Zeitliche Verzögerung von Entscheidungsprozessen - Kompetenzkämpfe um knappe Mittel - Kein klarer Instanzenweg - Hohe persönliche Belastung durch ausgeprägtes Konfliktpotenzial

Marketing

Marketing = Behandlung der Märkte aus der Käufersicht.
Planung, Durchführung und Kontrolle aller betrieblichen Aktivitäten, die auf die aktuellen und potenziellen Absatzmärkte zielen und der Vermarktung der erstellten Produkte und Dienstleistungen dienen.

8 Schritte des Werbezyklus

1. Ist- Analyse
2. Festlegung der zu bewerbenden Objekte
3. Ziele
4. Zielgruppenanalyse
5. Finanzrahmen
6. Welche Werbeträger
7. Werbebotschaft wie soll sie gestaltet sein
8. Feststellung des Erfolges

AIDA-Regel

A = Attention = Aufmerksamkeit auf das Produkt ziehen
I = Intrest = Kaufinteresse beim Kunden wecken
D = Desire = Kaufverlangen auslösen
A = Action = den Kaufwunsch realisieren

Product-Placement = zB.: 007 fährt einen BMW... alles klar?

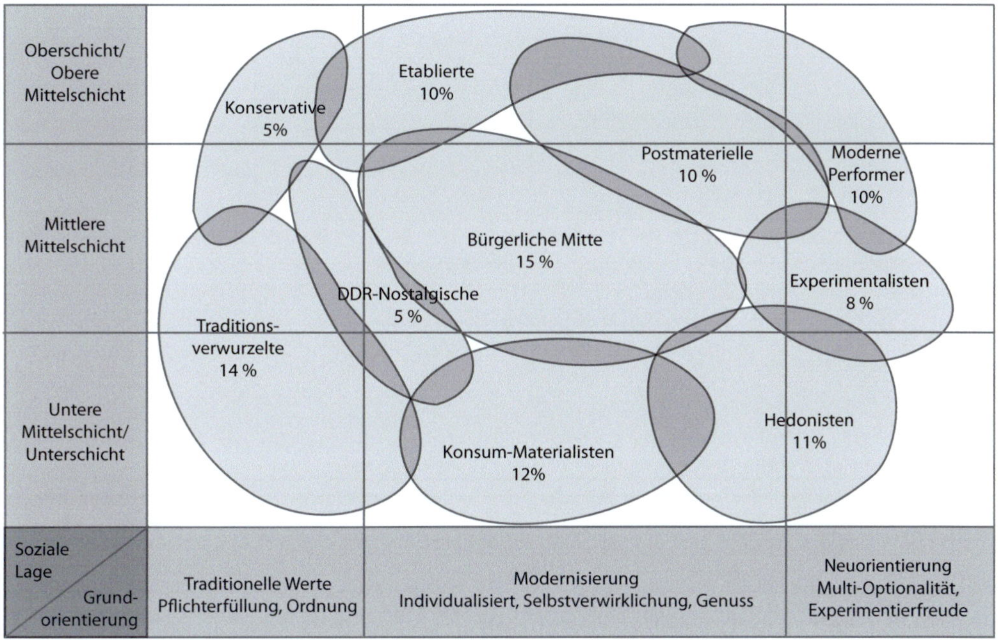

Gesellschaftliche Leitmilieus:	• Post-Materialisten • Moderne Performer • Etablierte
Traditionelle Milieus:	• Konservative • DDR-Nostalgiker • Traditionsverwurzelte
Mainstream-Milieus:	• Bürgerliche Mitte • Konsum-Materialisten
Hedonistische Milieus:	• Hedonisten • Experimentalisten

Marketing-Mix

Produktpolitik	Preis- und Konditionenpolitik	Kommunikationspolitik	Vertriebslogistik
Produktgestaltung Namensgebung Sortiment	Preise Garantie Umtausch Rückgabe Rabatte	Werbung Verkaufsförderung Product-Placement Öffentlichkeitsarbeit	direkte Absatzwege indirekte Absatzwege

Märkte

Anbieter → **Nachfrager** ↓	**monopolistisch** ein Anbieter	**oligopolistisch** wenige Anbieter	**polypolistisch** viele Anbieter
monopolistisch ein Nachfrager	bilaterales Monopol	beschränktes Nachfragemonopol	Nachfragemonopol Monopson
oligopolistisch wenige Nachfrager	beschränktes Angebotsmonopol	bilaterales Oligopol	Nachfrageoligopol Oligopson
polypolistisch viele Nachfrager	Angebotsmonopol	Angebotsoligopol	vollkommene Konkurrenz polypol

Lebensdauerzyklus von Produkten

↓ niedriger Marktanteil ↓	↓ hoher Marktanteil ↓
Babys (Questionmarks) Produktinnovation / Neuentwicklung viel Arbeit nötig hohes Risiko für eine Flop tragen kaum etwas zum Umsatz bei dauernde Überwachung nötig stellen die Zukunft des Unternehmens dar häufige Korrekturen nötig	**Stars** immer noch hohe Investitionen für Werbung trägt langsam etwas zum Erfolg Unternehmens bei Marktakzeptanz steigt höhere Stückzahlen werden abgesetzt aufgelaufene Entwicklungskosten werden getilgt in dieser Phase liegt der Break Even Point
Poor Dogs Käuferinteresse erloschen bringen keine nennenswerte Erfolge mehr Produkt wird eliminiert **Deckungsbeitrag beachten!!!** Restbestände werde „verschleudert“	**Cash Cows** Produkt verkauft sich von selbst Produkt stellt den Hauptteil des Gewinns dar Produkt ist am Markt etabliert nur Erinnerungswerbung nötig nehmen die Absätze ab evt. Relaunch / Facelifting
↑ niedriger Marktanteil ↑	↑ hoher Marktanteil ↑

Produktpolitik

Produktinnovation

Entwicklung neuer Produkte, die zu den bestehenden Produkten in unterschiedlicher Beziehung stehen

Produktmodifikation

Produkte werden überarbeitet
zB.: Facelifting, neue Verpackung
keine zusätzlichen Produkte
neue Werbebotschaft

Produkteliminierung

Lebenszyklus beendet
negative Deckungsbeiträge

Produktdifferenzierung

zusätzliche Produkte als Abwandlung bestehender Produkte
mehrere Varianten des selben Basisprodukts
einzelne Zielgruppen werden individuell angesprochen
zB.: Viertürer auch als Cabrio

Produktdiversifikation

völlig neues Produkt/neuer Markt

horizontal

enger Zusammenhang zwischen betehenden und neuem Produkt
zB.: Bogenoffsetdruckerei kauft Rolle und druckt jetzt auch Kataloge in hoher Auflage, Zetschriftenverlag bringt auch CD`s und Bücher auf den Markt

vertikal

bestehende Produkte werden durch vor- oder nachgeschaltete Produkte ergänzt

lateral

kein Zusammenhang der Produkte
meist Tochterunternehmen von Konzernen die völlig andere Produkte anbieten als der Mutterkonzern

Vorstufen Diversikation

eine Druckerei stellt künftig auch Papier her
eine Druckerei gründet einen Verlag
eine Druckerei integriert die Druckvorstufe

Nachstufendiversikation

eine Druckerei kauft Buchbinderei
Druckerei bietet Verlagsdistribution an

Informationen über den Markt

Sie sind von großer Bedeutung, um die Absatzchancen von Produkten abschätzen zu können und eine Entscheidungsgrundlagefür die übrige betriebliche Funktion zu haben.

Dazu gehören vor allem:

- Marktpotential (maximale Aufnahmefähigkeit des Marktes für ein bestimmtes Gut oder eine bestimmte Dienstleistung)
- Marktvolumen (effektiv realisiertes oder geschätztes Absatzvolumen eines bestimmten Gutes oder einer bestimmten Dienstleistung)
- Marktanteil (das von einem Unternehmen realisierte Absatzvolumen in Prozent des Marktvolumens)

$$\text{Sättigungsgrad} = \frac{\text{Marktvolumen}}{\text{Marktpotenzial}} \times 100$$

Wenn der Sättigungsgrad sehr niedrig ist, kann man durch Marketingmaßnahmen einen höheren Absatz anstreben.

$$\text{Absoluter Marktanteil} = \frac{\text{Unternehmensumsatz}}{\text{Marktvolumen}} \times 100$$

$$\text{relativer Marktanteil} = \frac{\text{eigener Marktanteil}}{\text{Marktanteil des Marktführers}} \times 100$$

Der relative Marktanteil zeigt die Position des Unternehmens in einem Segment im Vergleich zum größten Wettbewerber.

$$\text{Marktwachstum} = \frac{\text{Marktvolumen im Planungszeitraum}}{\text{Marktvolumen im Vohrjahr}} \times 100$$

$$\text{Marktanteilsentwicklung} = \frac{\text{Marktanteil einer Periode}}{\text{Marktanteil Vergleichsperiode}} \times 100$$

Die Marktanteilsentwicklung seit der Änderung des Marktanteils im Vergleich zu einer anderen Periode zum Beispiel Basisjahr, Vorjahr.

Vertriebskennzahlen

$$\text{Angebotserfolg} = \frac{\text{erhaltene Aufträge}}{\text{abgegebene Angebote}} \times 100$$

Der Angebotserfolg zeigt den Erfolg abgegeberner Angebot.

$$\text{Auftragsentwicklung} = \frac{\text{aktuelle Auftragseingänge}}{\text{Auftragseingänge Vergleichsperiode}} \times 100$$

Zeigt den Vergleichz z. B. zwischen dem aktuellen und dem Jahr.

$$\text{Auftragseingangsstruktur (Verkaufsgebiete)} = \frac{\text{Auftragseingang nach Verkaufsgebiete}}{\text{Gesamtauftragseingang}} \times 100$$

$$\text{Auftragseingangsstruktur (Erzeugnisse)} = \frac{\text{Auftragseingang nach Erzeugnissen}}{\text{Gesamtauftragseingang}} \times 100$$

$$\text{Auftragsbestandsstruktur (z. B.nach Erzeugnissen)} = \frac{\text{Auftragsbestand nach Erzeugnissen}}{\text{Gesamtauftragsbestand}} \times 100$$

$$\text{Auftragsreichweite} = \frac{\text{Auftragsbestand in EUR x 365 Tage}}{\text{Umsatz der letzten 12 Monate}} \times 100$$

Ermittelt wie lange die Kapazität noch ausgelastet ist.

$$\text{Auftragsgröße} = \frac{\text{Umsatz}}{\text{Anzahl der Aufträge}} \times 100$$

Der durchschnittliche Umsatz pro Auftrag ist durch die Auftragsgröße darstellbar.

$$\text{Exportquote} = \frac{\text{Auslandsumsatz}}{\text{Gesamtumsatz}} \times 100$$

Zeigt die Abhängikeit vom Export auf.

$$\text{Werbeerfolg} = \frac{\text{Umsatzzuwachs}}{\text{Aufwendungen der Werbeaktion}} \times 100$$

Der durchschnittliche Umsatz pro Auftrag ist durch die Auftragsgröße darstellbar.

$$\text{Kundendeckungsbeitragsanteil in \%} = \frac{\text{Deckungsbeitrag ABC-Kunden}}{\text{Gesamtdeckungsbeitrag}} \times 100$$

$$\text{Sicherheitsgrad in \%} = \frac{\text{Gewinn}}{\text{Deckungsbeitrag}} \times 100$$

$$\text{Preiselastizität der Nachfrage} = \frac{\text{relative Mengenänderung}}{\text{relative Preisänderung}} \times 100$$

$$\text{Kreuzpreiselastizität} = \frac{\text{relative Mengenänderung Produkt B}}{\text{relative Preisänderung Produkt A}} \times 100$$

$$\text{Werbeelastizität} = \frac{\text{relative Umsatzveränderung der Periode } t_0 \text{ zu Periode } t_1}{\text{relative Werbeaufwandsveränderung von Periode } t_0 \text{ zu Periode } t_1} \times 100$$

Position	Betriebsmittel/Arbeitsvorgang	Zeit je Einheit in Min. (bei Stückkst.=1)	Menge auflagen-fix	Menge auflagen-variabel	Rüstzeit/ Ausführungs-zeit in Min.	Kostensatz Euro/Min. Euro/Einheit	Kosten in Euro auflagen-fix	Kosten in Euro auflagen-variabel
a	b	c	d	e	f = c • (d od. e)	g	h = f • g	i = f • g
Vorstufe	Grundrüsten Vorstufe. Immer	5,0	1		5,0	1,50	7,50	
	Datenübernahme. Immer	10,0	1		10,0	1,50	15,00	
	Datenaufbereitung Achtung! Beachten, ob geschlossene oder offene Daten; die nächstgrößere Seitenanzahl benutzen							
	Rüsten CTP Immer	5,0	1		5,0	1,60	8,00	
	1 Bogenplot und 1. Platte Für weitere Formen und Bögen nur noch weitere Platte + Plot	1,0	1		1,0	33,50	33,50	
	jede weitere Platte Immer für jede weitere Platte (pro Form und Bogen)	1,0	7		7,0	13,00	91,00	
	jeder weitere Plot Für jede weitere Form und jeden Bogen	1,0	1		1,0	16,50	16,50	
Druck Kl IIIb	Grundeinrichten der Ma. Immer beim 1. Einrichten oder Formatänderung	9,0	1		9,0	4,76	42,80	
	4 Plattenwechsel Immer beim Einrichten oder Bogenwechsel	23,0	1		23,0	4,75	109,30	
	4 Platten und 4 Farbwechsel Nur bei Lack oder Sonderfarben	52,0	1		52,0	4,75	247,00	
	Zeitmehraufwand für schwierigen Farbwechsel. Bei Wechsel auf Lack oder bei Bedarf (Sonderfarbe)							
	Grundwerte je Druckgang Immer nach Platten- bzw. Farbwechsel, oder Wartezeit beim Umschlagen wegen geringer Auflage	12,0	1		12,0	4,00	48,00	
	Fortdruck je 1000 Bg. Für jeden Durchgang (Bei SD+WD Auflage x 2) und Bg. Achtung, auf Grammatur achten. Wert variabel							
	Druck Zuschuss bleibt im Druck							
WV Schneiden	Rüsten 1. Schnitt Immer	5,0	1		5,0	1,00	5,00	
	Jeder weitere Schnitt Immer, wenn mehr als 1 Schnitt benötigt wird							
	Ausführen Schneiden / 1000 Bg. Auf Bogenformat, Grammatur und Nutzen achten. Achtung Fussnote beachten. Wert variabel							
	jeder weitere Schnitt / 1000 Bg. Anzahl wie benötigt. Wert variabel							
WV Falz	Maschinentyp hängt vom Format ab (Einlauflänge & Einlaufbreite)							
	Rüsten 1Bg 1Br Immer							
	jeder weitere Bruch. Anzahl wie benötigt							
	Papierdickenwechsel Immer							
	Signaturwechsel. Für jeden Bogen, wenn sich sonst nichts ändert							
	Schneid- Perforiermesser rüsten. Ab 100g/m² und Kreuzbruch oder mehreren Kreuzbrüchen							
	Fortfalzen / 1000 Bg. Auf Grammatur und Einlauflänge achten. Achtung, auf Fussnote achten. Wert variabel							
	Falzzuschuss bleibt beim Falzen							
Sammelhefter	Auf Hoch- oder Querformat achten							
mit Beschnitt	Rüsten 1 Station mit Trimmer Immer beim Einrichten							
	Jede weitere Station Für jeden Bogen eigenen Anleger. Achtung! Umschlag gilt als eigener Bogen.							
	Sammeln und Heften / 1000Bg. Achtung! Format beachten. Fussnote zu Zuschlägen und Personal beachten. Nur Endauflage. Wert variabel							
Klebebinden	Rüsten mit ZTM Immer, wenn mit Beschnitt	55,0	1		55,0	3,00	165,00	
	Klebebinden 1000 / Bg. Achtung! Auf Format achten. Umschlag gilt als ein Bogen. Bei nicht vorhandener Bogenzahl nächsthöhere wählen. Nur Endauflage Wert variabel							
Verpacken	Rüsten	5,0	1		5,0	0,50	2,50	
(Kartons)	Ausführen /1000 Ex. Je nach Falzart, Endformat und Kartongröße							
	Wert variabel							

Schutzfristen für unterschiedliche Werkarten im Überblick	
Werkart	**Schutzdauer**
Schriftwerke	70 Jahre nach dem Tod des Urhebers
Lichtbildwerke	70 Jahre nach dem Tod des Urhebers
Lichtbilder	50 Jahre nach dem Erscheinen des Lichtbildes 50 Jahre nach Herstellen des Lichtbildes, wenn es nicht veröffentlicht wurde
Darbietung von Künstlern	25 Jahre (z.B. Zaubertricks)
Rechte von Sendeunternehmen	25 Jahre (Fernseh und Rundfunk)
Rechte von Filmherstellern	70 Jahre (auch Videofilme)
Rechte von Bildfolgen und Tonfolgen (Laufbilder)	50 Jahre
Rechte an Tonträgern	25 Jahre
Rechte an digitalen Präsentationen	25 Jahre

Rechte eines Urhebers	
Urheberpersönlichkeitsrecht	Es ergeben sich Rechte die einen Beziehungs- bzw. Rechtszusammenhang zu dem Werk herstellen. Dazu zählen: • Veröffentlichungs und Rückrufrecht • Recht auf Anerkennung der Urheberschaft und Nennung des Urhebers • Recht gegen Entstellung des Werkes • Grundsatz der Unübertragbarkeit.
Veröffentlichungsrecht	Der Urheber hat das Recht zu bestimmen, ob und wie sein Werk zu veröffentlichen ist. Das Veröffentlichungsrecht gilt nur bei der Erstveröffentlichung

Rechte eines Urhebers	
Verwertungsrechte	Das Recht eines Urhebers an seinem Werk ist nicht veräußerlich. Er kann anderen Personen ein Verwertungsrecht einräumen. Dabei unterscheidet man die körperliche- und die unkörperliche Form der Verwertung
Vervielfältigungsrecht	Das Recht beinhaltet, von einem Werk Vervielfältigungsstücke herzustellen. Dabei ist das Verfahren und die Auflage unerheblich . Die Digitalisierung eines Werkes mit Hilfe von Scannern und Speicherung stellen Vervielfältigungen dar, die der Zustimmung bedarf
Verbreitungsrecht	Das Verbreitungsrecht (§ 17 UrhG) ist das Recht ein Werk oder Vervielfältigungsstück auf den Markt zu bringen. Es handelt sich um ein körperliches Recht
Senderecht	Das Senderecht ist das Recht ein Werk durch Funk, Ton -oder Fernsehen der Öffentlichkeit zugänglich zu machen
Copyright	ist das Urheberrecht an einem veröffentlichten Werk. Es gelten Werke in allen Ländern geschützt wenn sie mit © gekennzeichnet sind.

Formen der Verwertungsrechte	
Verwertung in körperlicher Form	• Vervielfältigungsrecht • Verbreitung • Ausstellung • Bearbeitung • Verbindung mit anderen Werken
Verwertung in unkörperlicher Form	Öffentliche Wiedergabe durch: • Vortrag • Aufführung • Vorführung • Sendung • Wiedergabe durch Bild- und Tonträger • Wiedergabe durch Funksendung

Kommunikationsgrundsätze:

- Meinungsfreiheit
- Schutzbereich der Meinungsfreiheit
- Schmähkritik
- Informationsfreiheit
- Presse- , Rundfunk- und Filmfreiheit
- Das Zensurverbot
- Kunstfreiheit
- Menschenwürde
- Sonderfall Satire

Medienrecht

Persönlichkeitsrecht : Das Persönlichkeitsrecht ist ein Gesetz zur Regelung des Rechtes auf Achtung und Entfaltung der Persönlichkeit. Daraus ergeben sich folgende Rechte.	
Rechte	Ansprüche
• Schutz der Individual-, Privat- und Intimsphäre	• Anspruch auf Gegendarstellung
• Das Recht am gesprochenen Wort	• Anspruch auf Unterlassung
• Das Recht am eigenen Bild	• Anspruch auf Berichtigung
• Das Recht auf informationelle Selbstbestimmung	• Schadensersatzanspruch
• Das Recht der persönlichen Ehre	• Anspruch auf Geldentschädigung

Pressefreiheit	
Rechte :	Pflichten
• Schutz des Redaktionsgeheimnisses	• Journalistische Wahrheits- und Sorgfaltspflicht
• Zeugnisverweigerungsrecht nach § 53 Abs. 1 StPO	• Kennzeichnung entgeltlicher Veröffentlichungen
• Beschlagnahmeverbot nach § 97 Abs. 1 StPO	• Impressumspflicht
• Auskunftsanspruch gegenüber Behörden	
Rechte	
• Zugangsrecht zu öffentlichen Veranstaltungen	

Wettbewerbsrecht		
Unlauterer Wettbewerb	**irreführende Werbung**	**Vergleichende Werbung**
Beeinträchtigung der Entscheidungsfreiheit (§ 4 Nr. 1 UWG)		
Ausnutzen von Unerfahrenheit (§ 4 Nr. 2 UWG)	Allgemeines zur „irreführenden Werbung"	Definition der vergleichenden Werbung (§ 6 Abs. 1 UWG)
Verschleierung des Werbecharakters (§ 4 Nr. 3 UWG)	Verbot „irreführender Werbung" (§ 5 UWG)	Irreführender Werbe-Vergleich (§ 5 Abs. 3 UWG)

Wettbewerbsrecht		
Unlauterer Wettbewerb	**irreführende Werbung**	**Vergleichende Werbung**
Verkaufsförderungsmaßnahmen, Gewinnspiele (§ 4 Nr. 4 bis 6 UWGZ)	Irreführung über Preise (mit § 5 Abs. 4 UWG)	Gleicher Bedarf oder dieselbe Zweckbestimmung (§ 6 Abs. 2 Nr. 1 UWG)
Nachahmung von Waren/Dienstleistungen eines Mitbewerbers (§ 4 Nr. 9 UWG)	Irreführung über Vorratsmenge (§ 5 Abs. 5 UWG) – „Lockvogelwerbung"	Objektiver, typischer, nachprüfbarer (Preis-)Vergleich (§ 6 Abs. 2 Nr. 2 UWG)
Rufausbeutung, -anlehnung	Werbung mit Testergebnissen und anderen Auszeichnungen	Rufausnutzend oder rufbeeinträchtigend (§ 6 Abs. 2 Nr. 4 UWG)
Behinderung (§ 4 Nr. 10 UWG)	Alleinstellungswerbung	Herabsetzend oder verunglimpfend (§ 6 Abs. 2 Nr. 5 UWG)
Gesetzesverstoß (§ 4 Nr. 11 UWG)	Blickfangwerbung	
	Werbung mit Selbstverständlichkeiten	

Inhalt vom Impressum :

- den Namen und die Anschrift, unter der man niedergelassen ist
- bei juristischen Personen zusätzlich den Vertretungsberechtigten
- E-Mail Adresse, Telefonnummer
- Handelsregister, in das man eingetragen ist
- Handelsregisternummer
- Umsatzsteuer-Identifikationsnummer

Landespressegesetz : Wird durch die Länder geregelt.Sie haben die Gesetzgebungskompetenz für Presse und Rundfunk.

Bundesgesetze : Der Bund hat die Gesetzgebungskompetenz für Telekommunikation und Wirtschaft.Dem Bund unterliegt das Urheberrechtsgesetz und das Telemediengesetz.

Unternehmensformen

Kennzeichen	Einzel unternehmung	OHG	KG	BGB-Gesellschaft GbR	Unternehmer-gesellschaft (UG haftungsbeschränkt)	GmbH	AG	KGaA	Genossenschaft
Vertrag/ Satzung/Statut	----------------------	Gesellschaftsvertrag	Gesellschaftsvertrag	Gesellschaftsvertrag	Gesellschaftervertrag (Musterprotokoll)	Gesellschaftsvertrag	Satzung	Satzung	Statut
Mindestgründungs-kapital	----------------------	nicht vorgeschrieben	nicht vorgeschrieben	nicht vorgeschrieben	25.000,-€ Bar-/Sacheinl.b. Gründ.; Nennbetrag d. GA 1,-€ 25 % Rücklage v. Gewinn bis 25..000,- € erreicht sind	25.000,-€ Bar-/Sacheinlage bei Gründung 12.500.- € Nennbetrag der Geschäftsanteile 1,-€	50.000,-€ Mindestnennwert 1,- €	50.000,-€	nicht vorgeschrieben
Mindestpersonenzahl bei Gründung	1	2	2	2	1-3 (max.) „Mini-GmbH"	1 oder mehrere	1 oder mehrere, Kleine AG=1 Gründer	5	3
Formvorschriften	nicht vorgeschrieben	nicht vorgeschrieben, üblich schriftl. Vertrag	nicht vorgeschrieben, üblich schriftl. Vertrag	nicht vorgeschrieben, üblich schriftl. Vertrag	notarielles Musterprotokoll (Gesellsch.vertrag./ -liste, Geschäftsführerbestellg.)	notariell beurkundeter Vertrag	notariell beurkundeter Vertrag	notariell beurkundeter Vertrag	Aufstellung eines Statuts und Unterzeichnung durch die Gründer
Bezeichnung der Gesellschafter	Inhaber	Gesellschafter	Komplementär/ Kommanditist	keine besondere vorgesehen	Gesellschafter (lt. Gesellschafterliste)	Gesellschafter	Aktionäre	Kommanditaktionäre + mind. 1 Komplementär	Genossen
Gesellschaftsorgane	keine	Gesellschafter-versammlung	Gesellschafter-versammlung	Gesellschafter-versammlung	Gesellschafter-versammlung	Gesellschafter-versammlung	Hauptversammlung, Vorstand, Aufsichtsrat	Hauptversammlung, Vorstand, Aufsichtsrat	Generalversammlung Vorstand, Aufsichtsrat
Geschäftsführung	Inhaber	richtet sich nach dem Vertrag, sonst alle	Komplementär	richtet sich nach dem Vertrag, sonst gemeinschaftlich	Geschäftsführer	Geschäftsführer	Vorstand	persönlich haftender Gesellschafter	Vorstand aus mindestens 2 Personen
Vertretung	Inhaber	richtet sich nach dem Vertrag, sonst alle	Komplementär	richtet sich nach dem Vertrag, sonst gemeinschaftlich	Geschäftsführer	Geschäftsführer	Vorstand	persönlich haftender Gesellschafter	Vorstand aus mindestens 2 Personen
Haftung	Inhaber haftet allein und unbeschränkt mit seinem gesamten Vermögen	alle Gesellschafter haften unmittelbar, unbeschränkt, solidarisch (als Gemeinschuldner)	Komplementär mit Gesamtvermögen, Kommanditisten bis zur Höhe ihrer Einlage	gemeinschaftlich	Gesellschaftsvermögen, mind. Stammkapital, evtl. Nachschusspflicht, Geschäftsführer bei Verschulden	Gesellschaftsverm., mind. Stammkapital, evtl. Nachschusspflicht	Gesellschaftsverm., mind. Grundkapital	persönlich haftender Gesellschafter unmittelbar, unbeschränkt, solidarisch	Haftungssumme (Geschäftsguthaben + ausstehende Pflichtanteile) Evtl. Nachschusspflicht
Stimmrecht	entfällt	nach Köpfen	nach Köpfen	nach Vertrag, sonst nach Köpfen	nach Kapitalanteilen	nach Kapitalanteilen	nach Anteilen am Grundkapital	nach Anteilen am Grundkapital	nach Köpfen
Rechtspersönlichkeit Firma	keine eigene Rechtspersönlichkeit, Personal-/ Sach-/ Phantasie- oder gemischte Firma mit Zusatz e.K.; e.Kfr.	keine eigene Rechtspersönlichkeit Personal-/ Sach-/ Phantasie- oder gemischte Firma mit Zusatz oHG	keine eigene Rechtspersönlichkeit, Personal-/ Sach- / Phantasiefirma mit od. gemischte Firma mit Zusatz KG	keine eigene Rechtspersönlichkeit, kein Firmenname möglich; Gesellschafter m. Familiennamen u. mind.einem ausgeschr.Vornamen	Unternehmer-gesellschaft juristische Person, Personal-/ Phantasie- oder Sachfirma mit Zusatz haftungsbeschränkt	juristische Person, Personal-/ Phantasie- oder Sachfirma mit Zusatz GmbH	juristische Person, Personal-/ Sach- / Phantasiefirma mit Zusatz AG bei Gründung vor 1900: auch Personalfirma möglich	juristische Person, Personal-/ Sach- / Phantasiefirma mit mit Zusatz KGaA	juristische Person, Personal-/ Sach- / Phantasiefirma mit mit Zusatz eG
Gewinnbeteiligung	Inhaber	nach Vertrag, sonst 4% auf die Einlage, Rest nach Köpfen	nach Vertrag, sonst 4% auf die Einlage, Rest wird im angemessenen Verhältnis verteilt	nach Vertrag	nach dem Verhältnis der Gesellschaftsanteile	nach dem Verhältnis der Gesellschaftsanteile	Dividendenzahlung gemäß Beschluss der Hauptversammlung	zuerst 4% an den Komplementär, dann 4% an die Aktionäre, Rest angemessen.	nach dem Verhältnis der Geschäftsguthaben gem. Beschluss
Verlustbeteiligung	Inhaber	nach Vertrag, sonst nach Köpfen	in angemessenem Verhältnis zwischen den Gesellschaftern	nach Vertrag, sonst Solidargemeinschaft	beschränkte oder unbeschränkte Nachschusspflicht	beschränkte oder unbeschränkte Nachschusspflicht	keine Beteiligung, bei Insolvenz, evtl. Kapitalherabsetzung	Komplementäre wie bei KG, Aktionäre wie bei AG	Abzug vom Geschäftsguthaben
Publizitätspflicht	nicht vorgeschrieben	nicht vorgeschrieben	nicht vorgeschrieben	nicht vorgeschrieben	nur mittelgroße und große GmbH abhängig von Bilanzsumme, Umsatz, Anzahl Arbeitnehmer	nur mittelgroße und große GmbH abhängig von Bilanzsumme, Umsatz, Anzahl Arbeitnehmer	Veröffentlichung nach § 160 AktG	Veröffentlichung nach § 160 AktG	Veröffentlichung der Statuten nach § 12 GenG
	HRA = Handelsregister A (Personengesellschaften)			Kein Registereintrag	HRB = Handelsregister B (Kapitalgesellschaften)				Genossenschaftsregister

Bruttobedarf
+ Zusatzbedarf (Ausschuss, Schwund)
+ Sicherheitsbestand
= Gesamtbruttobedarf
– Lagerbestand
– Bestellbestand
+ Reservierungen
= Nettobedarf

Verfahren sind u.a.:

- FIFO = First In First Out
- LIFO = Last In First Out
- HIFO = Highest In First Out
- LOFO = Lowest In First Out

Lagerungskosten

Lagerungskosten = Ø Lagermenge · Einstandspreis · Zinsfaktor für Lagerung

$$\text{Lagerkostensatz} = \frac{\text{Lagerkosten}}{0{,}5 \cdot \text{Lagerbestand}}$$

Dispositionsverfahren

Auftragsgesteuertes Dispositionsverfahren

Bestelltermine und Bestellmenge werden mit Hilfe von Aufträgen genau berechnet
Bestellmenge und Bedarfsmenge sind gleich, es entstehen somit keine Fehlmengen.
Dieses Verfahren ist für eine Programmfertigung wenig geeignet.

Plangesteuertes Dispositionsverfahren

Bestellung für bestimmte Perioden unter Berücksichtigung des aktuellen Lagerbestandes

	Sekundärbedarf	Stücklisten, Arbeitspläne
+	Zusatzbedarf	Abdeckung nicht planbarer Mengen
=	Bruttobedarf	Gesamter Bedarf der Periode
-	Lagerbestand	Liegt auf Lager
+	Vormerkbestand	Reservierter Bestand für andere Aufträge
-	Bestellbestand	Bestellt, aber noch nicht eingetroffen
-	Werkstattbestand	Bestand, der bereits in der Produktion liegt
+	Sicherheitsbestand	Ausgleich von Soll-/Ist abweichung
=	**Nettobedarf**	**Positiv *oder* Negativ**

Verbrauchsgesteuertes Dispositionsverfahren

Aufgrund vergangener Verbrauchsmengen wird auf zukünftige Verbrauchsmengen hochgerechnet.
Es werden zwei Verfahren unterschieden:

Bestellpunktverfahren

Bestellrythmusverfahren

Eine weitere Möglichkeit um Lager zu reduzieren ist es die Fertigungstiefe zu senken. Hierbei werden bestimmte Teilumfänge oder Module an „Systemlieferanten" übergeben, die sich umfassend mit der Entwicklung, Planung und Herstellung der Produkte befassen

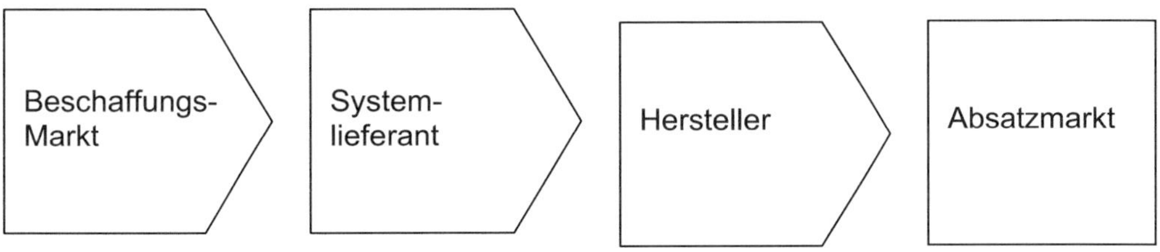

Bestellverfahren

Bestellpunktverfahren

Immer wenn aus dem Lager etwas entnommen wird, muss geprüft werden ob ein bestimmter Meldebestand erreicht bzw. unterschritten wurde. Ist dies der Fall, erfolgt die Bestellung einer bestimmten Menge

. ⇒ Bestellzeitpunkte sind variabel und die Bestellmenge fest.

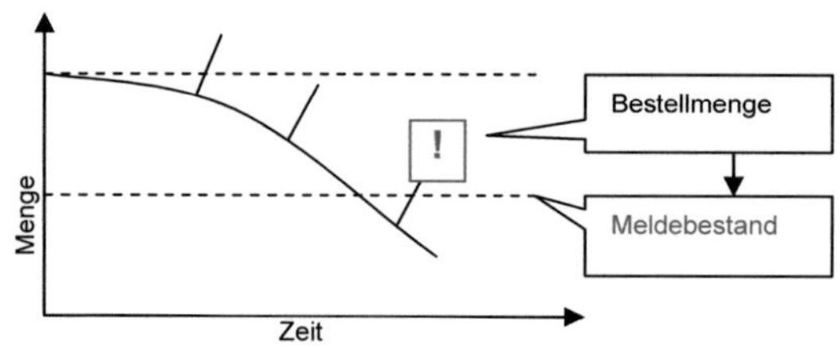

Bestellpunkt =

Durchschnittsverbrauch x Beschaffungszeit +Sicherheitsbestand

Bestellrythmusverfahren

In einem regelmäßigen Turnus wird der Bestand geprüft (z.B.: alle 10 Tage)

⇒ Bestellzeitpunkte sind fest und die Bestellmenge variabel

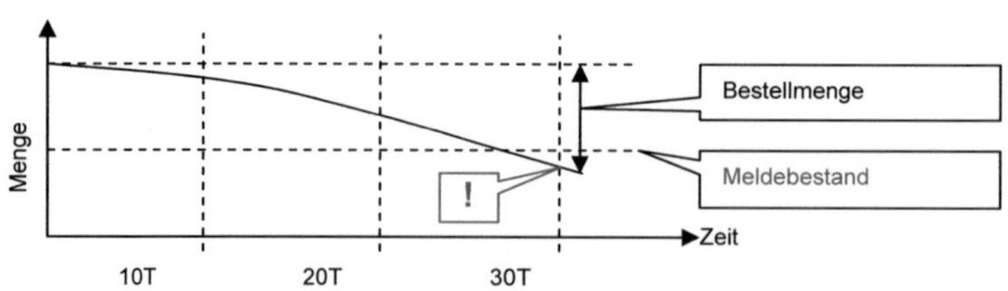

Höchstbestand =

Durchnittsverbrauch x (Beschaffungszeit + Überprüfungszeit) +Sicherheitsbestand

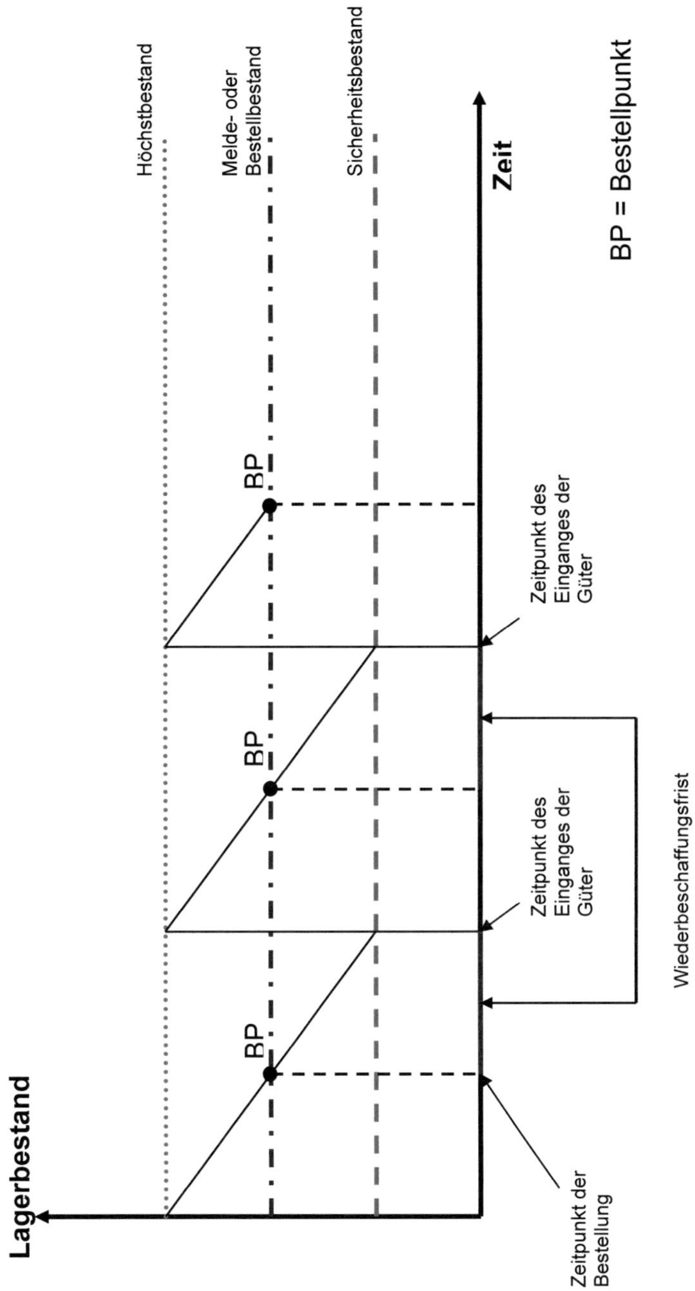
Lagerbestand
Zeit
Höchstbestand
Melde- oder Bestellbestand
Sicherheitsbestand
BP
BP
BP
Zeitpunkt der Bestellung
Zeitpunkt des Einganges der Güter
Zeitpunkt des Einganges der Güter
Wiederbeschaffungsfrist
BP = Bestellpunkt

Die optimale Bestellmenge / Bestellhäufigkeit

Die optimale Bestellmenge

$$X_{opt} = \sqrt{\frac{200 \times KF \times M}{q \times IHS}}$$

KF	**=**	**Bestellfixe Kosten**
M	**=**	**Periodenbedarf**
q	**=**	**Einstandspreis pro ME**
IHS	**=**	**Lagerhaltungskostensatz**

Die optimale Bestellhäufigkeit

$$opt.Best = \sqrt{\frac{M \times q \times IHS}{200 \times KF}}$$

KF	**=**	**Bestellfixe Kosten**
M	**=**	**Periodenbedarf**
q	**=**	**Einstandspreis pro ME**
IHS	**=**	**Lagerhaltungskostensatz**

Formeln zur Bestellmengenrechnung:

geplanter Ø-Bestand	$\Rightarrow$ **BD**	=	$BS + \frac{X_{OPT}}{2}$
Beschaffungsauslösebestand	$\Rightarrow$ **BA**	=	$BS + EP \cdot TWZ$
Meldebestand	$\Rightarrow$ **BM**	=	$BS + EP \cdot (TWZ + TIZ)$
Optimaler Höchstbestand	$\Rightarrow$ **BUH**	=	$BS + X_{OPT}$
	$\Rightarrow$ **BOH**	=	$BA + X_{OPT}$
Max. Lagerbestand	$\Rightarrow$ $\mathbf{B_{MAX}}$	=	$BM + X_{OPT}$

Sicherheitsbestand

= Ø Verbrauch x Beschaffungsdauer

oder

= errechneter Verbrauch in der Beschaffungszeit + Zuschlag für Schwankungen beim Verbrauch und der Beschaffung

oder

= mengenmäßiger Umsatz / Monat x Reichweite des Mindestbestandes

Höchstbestand

= Ø Verbrauch x (Beschaffungszeit + Überprüfungszeitraum) + Sicherheitsbestand

Bestandsmehrung = Herstellungsmenge > Absatzmenge
Bestandsminderung = Herstellungsmenge < Absatzmenge

- Personalplanung = Soll-Daten bestimmen
- Personalsteuerung = Veranlassen, Überwachen, Sichern der Soll-Daten

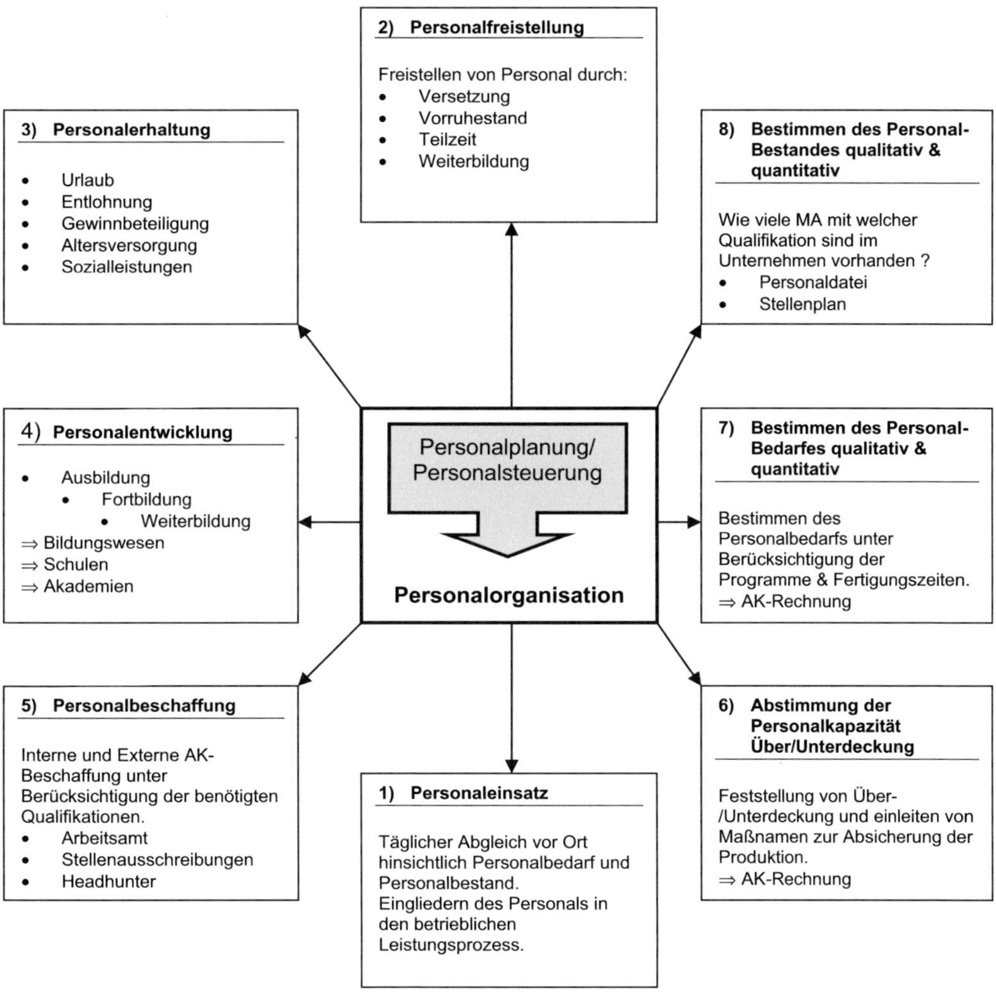

Personalplanung

Determinanten der Personalplanung	
Externe Faktoren	Interne faktoren
Marktentwicklung	Unternehmensziele
Technologie	Investitionen
Arbeitsmarkt	Fluktuation
Sozialgesetze	interne Altersstruktur
Tarifentwicklung	Fehlzeiten
Personalzusatzkosten	Fertigungspläne
Alterspyramide	Rationalisierung
usw.	Ist Bestand
	Arbeitszeitsysteme usw.

Personalbedarfsplanung

Individualplanung/Kollektivplanung; qualitativ/quantitativ
Einsatzbedarf, Reservebedarf, Neubedarf, Ersatzbedarf, Freistellungsbedarf

Stellenbestand
+ Stellenzugänge (geplant)
- Stellenabgänge (geplant)
Bruttopersonalbedarf

Personalbestand
+ Personalzugänge (sicher)
- Personalabgänge (sicher)
- Personalabgänge (geschätzt)
Fortgeschriebener Personalbestand

Personalbedarfsanalyse
Globale Bedarfsprognose (Schätzverfahren, Kennzahlenmethode (global))
Differenzierte Bedarfsprognose (Stellenplanmethode, Personalbemessung,
Kennzahlenmethode (differenziert))

Berechnungsschema zur Ermittlung des Nettopersonalbedarfs			
		Berechnungsgröße	**Zahlenbeispiel**
1		Stellenbestand	28
2	+	Stellenzugänge (geplant)	2
3	-	Stellenabgänge (geplant)	-5
4		Bruttopersonalbedarf	25
5		Personalbestand	27
6	+	Personalzugänge (sicher)	4
7	-	Personalabgänge (sicher)	-2
8	-	Personalabgänge (geschätzt)	-1
9		Fortgeschriebener Personalbestand	28
		Nettopersonalbedarf (Zeile 4-9)	**-3**

Lohnarten

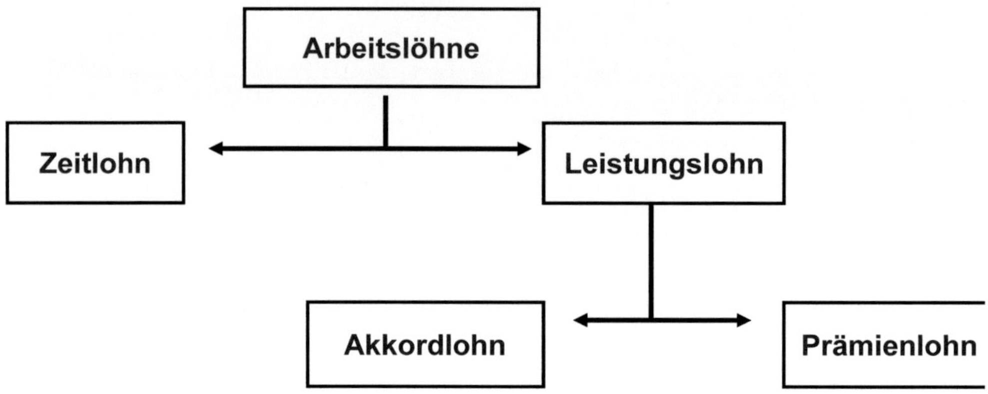

Zeitlohn

Beim Zeitlohn des Monats-, Wochen-, Tages-, oder Stundenlohn wird ein bestimmter Lohnsatz pro Zeiteinheit gezahlt

Zeitlohn = Lohnsatz je Zeiteinheit x Anzahl der Zeiteinheiten

Zeitlohn

⇒ Feste Vergütung für einen bestimmten Zeitraum

Zeitlohn mit Leistungszulage

⇒ Leistungszulage nach subjektivem Ermessen des Vorgesetzten
⇒ Oder analytische Bewertung mittels Punktesystem anhand von zuvor definierten Merkmalen

Anwendung

⇒ Die Arbeitskraft hat keinen Einfluss auf die Leistungsmenge.
⇒ Bei quantitativ nicht messbarer Leistung.
⇒ Bei Aufgaben mit hohen Anforderungen an z.B.: Sorgfalt, Präzision.

Akkordlohn

Es besteht ein direkter Zusammenhang zwischen der individuellen Leistung und der Lohnhöhe.
⇒ Die Lohnlinie kann nach oben begrenzt werden.

Linear Degressiv Progressiv Pro-/Degressiv

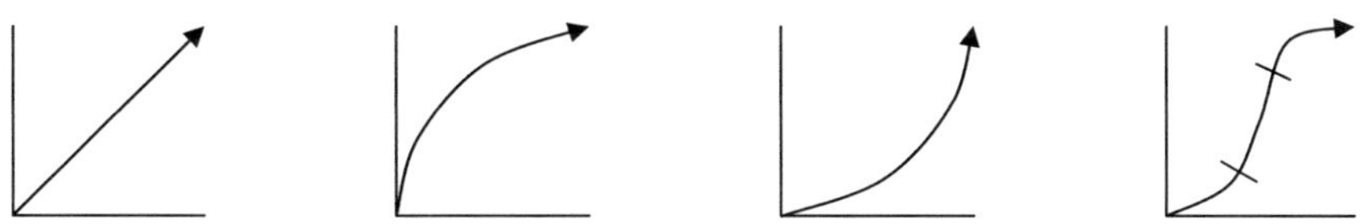

⇒ Man unterscheidet in:

- Zeitakkord = Kennzahl ist die Zeit (Zeitgrad)
- Geldakkord = Menge ⇔ Geld

Vorteile des Zeitakkords:

⇒ Beziehung zwischen Lohn und Leistung ist klar ersichtlich.
⇒ Planung, Steuerung und Abrechnung ist mit Vorgabezeiten möglich.

Nachteile des Zeitakkords:

⇒ Qualität lässt nach
⇒ Höherer Krankenstand
⇒ Aufwand für die Pflege der Vorgabezeiten ist sehr hoch
(Hoher Aufwand für Verrechnung)

; Zeitakkor(

Anwendung:

⇒ Wenn der MA direkten Einfluss auf die Menge hat.

Beispiele:

⇒ *Fließenleger*
⇒ *Dachdecker*
⇒ Vormontagearbeitsplätze

Formel Zeitakkord:

$$Zeitgrad = \frac{Soll - Auftragszeit}{Ist - Auftragszeit} \cdot 100$$

Prämienlohn

Neben der Menge sind noch andere Einflussgrößen wie z.B.: Qualität, Rüstzeit, Auslastung und Ausschuß möglich.
Beim Prämienlohn verläuft die Lohnlinie meist degressiv.
Anwendung von Verbundprämien als Kombination verschiedener Prämienarten. (Nicht mehr als drei !)
Der Prämienlohn liegt in der Regel höher als der Zeitlohn.
Gestaltungsmöglichkeiten sind höher als beim Akkordlohn.

Vorteile:

Breiter Anwendungsbereich
Es können mehrere Bezugsmerkmale berücksichtigt werden.
Die Entgeldhöhe kann nach oben begrenzt werden.
Leistungskennzahlen können für Planungs-, Steuerungs- und Kalkulationszwecke verwendet werden.

Nachteile:

Der Aufwand für die Datenermittlung und Lohnabrechnung ist relativ hoch.
Es ist eine laufende Überwachung der Leistungskennzahlen erforderlich.
Der Zusammenhang zwischen Lohnhöhe und Leistung ist nicht immer klar erkennbar.

Prämienarten:

1. Mengenprämien ⇒ Stückzahlen
2. Nutzungsprämien ⇒ Bemi-Auslastung
3. Güteprämien ⇒ Qualitätsverbesserung

Die Arbeitsbewertung dient der Untersuchung von Arbeiten, um deren Verhältnis zueinander nach dem Arbeitsinhalt oder den Arbeitsanforderungen festzulegen. Sie versucht also die Arbeitsschwierigkeit unabhängig von der Person, welche die Arbeit ausführt, zu messen oder zu schätzen (Arbeitswert).

Das Ergebnis ist keine absolute Lohnbestimmungsgröße, sondern ein Zahlensymbol (Kennzahlen) für die Höhe der Arbeitsschwierigkeit.

Zwei Verfahren :

1. Summerisches Verfahren

(**Summerische** (Arbeits)- Bewertung)

Dabei wird die Arbeitsaufgabe als Ganzes bewertet (Gesamteinschätzung) und dem Schwierigkeitsgrad der Arbeit ein entsprechender Arbeitswert zugeordnet, der bestimmten Lohngruppen entspricht.

→ Rangfolgeverfahren

→ Lohngruppenverfahren

2. Analytisches Verfahren

(**Analytische** (Arbeits)- Bewertung)

Dabei müssen die Arbeitsaufgaben nach bestimmten Anforderungen (Können, Verantwortung, Belastung, Arbeitsbedingungen, etc.) analysiert (untersucht) werden. Für jede Anforderungsart wird eine Wertzahl ermittelt und aus der Summe der Einzelwerte ergibt sich der Arbeitswert.

→ Rangreihenverfahren

→ Stufenwertzahl-Verfahren

Akkordlohn

Beim Akkordlohn wird die geleistete Arbeitsmenge entlohnt (Stück, Meter, Kilo)

$$Akkordrichtsatz \left[\frac{€}{h}\right] = Tariflohn \left[\frac{€}{h}\right] \; x \; Akkordzushlag$$

a. Stückakkord (Stückgeldakkord) : Der Arbeitskraft wird ein Geldbetrag für eine bestimmte Arbeitsleistung vorgegeben, der als Akkordsatz bezeichnet wird.

$$Akkordsatz \left[\frac{€}{Menge}\right] = \frac{Akkordric\ tsatz\ \frac{€}{h}}{Leistungs\ inheiten\ \ bei\ Normalzeiten\ \frac{Menge}{h}}$$

$$(Normalleistung)$$

$$Akkordlohn\ (\ €\ ) = Leistungsmenge\ (Menge)\ x\ Akkordsatz \left[\frac{€}{Menge}\right]$$

b. Zeitakkord (Stückzeitakkord): Der Arbeitskraft werden für jedes erstellte Stück im voraus festgelegte ZE (Zeiteinheiten) gutgeschrieben, die der Vorgabezeit entsprechen.

$$Akkordlohn\ [\ € = Leistungsmenge\ [Menge] \times Vorgabezeit \left[\frac{Min}{Menge}\right] \times Minutenfaktor \left[\frac{€}{Min}\right]$$

wobei :

$$Minutenfa k\ tor \left[\frac{€}{Min}\right] = \frac{Akkordrich\ tsatz \left[\frac{€}{h}\right]}{60 \left[\frac{€}{h}\right]}$$

Beim Prämienlohn gibt es einen leistungsunabhängigen Teil >

den GRUNDLOHN

und einen leistungsabhängigen Teil >

die PRÄMIE

Prämie z.B. für Zeitersparnis beim Zeitlohn, Materialersparnis, besondere Qualitätsarbeit (weniger Ausschuss)

$$\textit{Prämienlohn} = \textit{Grundlohn} + \textit{Prämie}$$

Sozialversicherungen

Versicherung	Beitragssatz	Bemerkung
Rentenversicherung	19,9 %	
Arbeitslosenversicherung	2,8 %	
Krankenversicherung: allgemeiner Beitragssatz ermäßigter Beitragssatz	 14,9 % (bis 30.06.09: 15,5 %) 14,3 % (bis 30.06.09: 14,9 %)	14,0 % bzw. 13,4 % zahlen Arbeitgeber und Arbeitnehmer je zur Hälfte. 0,9 % trägt allein der Arbeitnehmer.
Pflegeversicherung	1,95 %	Kinderlose Mitglieder zahlen einen Beitragszuschlag von 0,25 %.

Stellenbeschreibung/Arbeitsplatzbeschreibung/Tätigkeitsbeschreibung weist alle im wesentlichen Merkmale einer Stelle formularmäßig aus.	
+	Stellenbezeichnung (Name der Stelle oder Stellennummer, falls ein Nummernsystem verwendet wird)
+	Stelleneinordnung (vorgesetzte Instanz, untergebene Stellen, Abteilungszugehörigkeit)
+	Stellenaufgaben (detaillierte Ausweisung der andauernden Sachaufgaben)
+	Stellenbefugnisse (Kompetenzen des Stelleninhabers wie zum Beispiel Unterschriftbefugnisse)
+	Stellenverantwortung (aufgabenbezogene Verantwortung des Stelleninhabers nötig aufgeführt, sollte sich mit den Befugnissen decken)
+	Stellenziele (quantitative Festlegung, um die Erreichung messen zu können)
+	Stellenvertretungen (Ausweisung der Vertretung und welche Stelle von dieser Stelle vertreten wird)
+	Stellenanforderungen (Definition der Einzelanforderungen an den Stelleninhaber wie zum Beispiel Kenntnisse, Fertigkeiten, Erfahrungen)
	VORTEILE
+	transparentere Unternehmensstruktur
+	Mitarbeiter kennen Befugnisse, Verantwortung, Aufgaben
+	leichtere Personalplanung durch klare Strukturen
+	einfachere Beurteilung der Mitarbeiterleistung
+	Mitarbeiter kennen Ihre Unterstellungsverhältnisse
+	Objektivierung der Lohn und Gehaltsstruktur möglich
	NACHTEILE
+	Kosten (Einführung, Gestaltung, aufwändiger Änderungsdienst, um aktuell zu sein)
+	Gefahr, dass Stellenbeschreibung und Ist-Zustand voneinander abweichen
+	Inhalte werden als Besitzstand gesehen
+	Verlust an Flexibilität durch Überorganisation

Stellenbeschreibung	
I.	Beschreibung der Aufgabe
	Stellenbezeichnung Unterstellung Überstellung Stellvertretung Ziel der Stelle Hauptaufgaben und Kompetenzen Besondere Befugnisse
II.	Anforderungsprofil
	Fachliche Anforderungen: • Ausbildung • Berufspraxis • Weiterbildung • Besondere Kenntnisse **Persöhnliche Anforderungen:** • Kommunikationsfähigkeit • Führungsfähigkeit • Analysefähigkeit

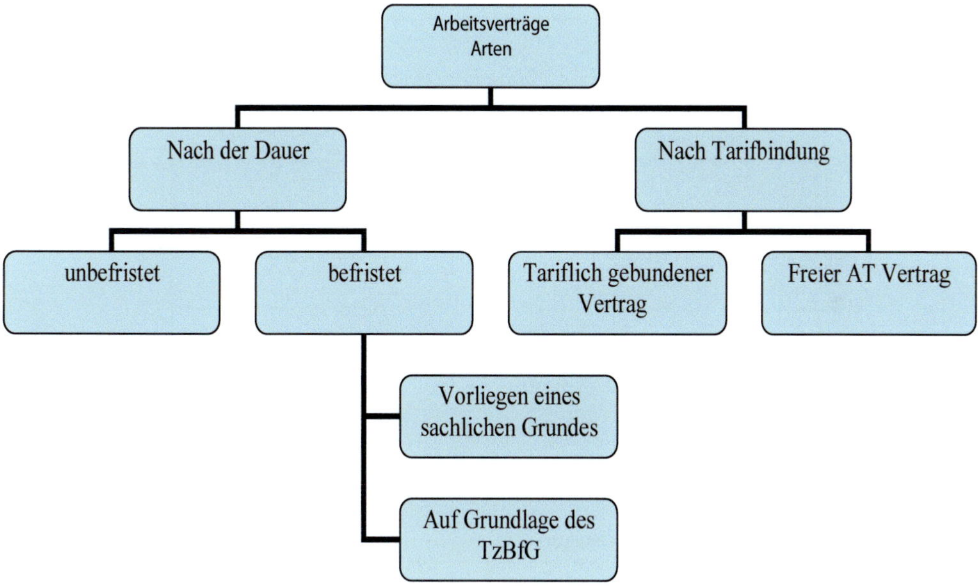

Rechte und Pflichten aus einem Arbeitsverhältnis

Haupt- und Nebenpflichten nach § 611 BGB		
	Arbeitgeber	Arbeitnehmer
Hauptpflichten	Entgeltzahlungspflicht	Arbeitspflicht
Nebenpflichten	Fürsorgepflicht Beschäftigungspflicht Schutz für Leben und Gesundheit Informations und Anhörungspfl. Pflicht zur Zeugniserteilung	Treuepflicht Verschwiegenheitspflicht Unterlassung von ruf und kreditschädigenden Äußerungen Verbot der Schmiergeldannahme

Arbeitsvertag grundsätzlich freie inhaltliche Gestaltung + Einhaltung bestehender Vorschriften, Gesetze, Tarifverträge, Betriebsvereinbarungen	
Inhaltsformel	
+	Arbeitgeber
+	Arbeitnehmer
+	Vertragsbeginn
+	Tätigkeitsbezeichnung
+	Tätigkeitsbeschreibung
+	Vergütung
+	Sozialleistungen
+	Arbeitszeit
+	Urlaub
+	Arbeitsverhinderung (unverschuldete zum Beispiel Hochzeit, Umzug)
+	Wettbewerbsverbot (Arbeitnehmer dürfen ohne Einwilligung des Arbeitgebers in dessen Handelszweig keine eigenen Geschäfte betreiben)
+	Probezeit
+	Kündigungsfrist
+	Unterschriften aller Vertragspartner
=	Inhalt eines Arbeitsvertrag

Berufausbildungsvertrag bedarf der Schriftform	
Inhaltsformel	
+	Namen und Anschriften der Vertragspartner
+	Ziel der Ausbildung , sowie sachliche und zeitliche Gliederung der Ausbildung
+	Beginn und Dauer der Ausbildung
+	Dauer der Probezeit, mindestens einen Monat, maximal vier Monate
+	Ort der Ausbildung (bei Verbund oder überbetriebliche Ausbildung zu nennen)
+	Ausbildungsmaßnahmen außerhalb des Betriebes
+	Zahlung und Höhe der Ausbildungsvergütung
+	Dauer der regelmäßigen Arbeitszeit
+	Dauer des Urlaubs
+	Voraussetzungen unter denen der Vertrag gekündigt werden kann
+	Sonstige Vereinbarungen
+	Unterschriften aller Vertragspartner
+	Eintragungsvermerk der zuständigen Stelle
+	Unterschriften aller Vertragspartner (bei Minderjährigen Unterschrift der Erziehungsberechtigten)
+	Eintragungsvermerk der zuständigen Stelle
=	Inhalt eines Berufsausbildungsvertrag

Projektformel	
+	Einmaligkeit
+	begrenzte Dauer
+	Komplexität
+	Umfang
+	Risiko

Projektplanungsformel	
+	Aufgabenplanung
+	Personalplanung
+	Terminplanung
+	Sachmittelplanung
+	Kostenplanung
+	Wirksamkeitsplanung (intern/extern)

Projektplanformel (Inhalte)	
+	Ziele
+	Annahmen/Prämissen (Voraussetzungen)
+	Problemstellung
+	Maßnahmen
+	Instrumente
+	Ressourcen
+	Termine
+	Träger der Planerfüllung
+	Resultate

Zeitmanagementformel	
30%	Projektplanung und Überwachung
25%	Koordination Projektteam
20%	Koordination beteiligter Fachbereiche
10%	Kommunikation mit Vorgesetzten
15%	Administration

Projektleiterformel (Anforderungen)	
persönliche Qualifikationen =	
+	Teamfähigkeit
+	Eigeninitiative
+	Durchsetzungsvermögen
+	Kreativität
+	kann Gruppen effizient führen
+	Verhandlungsgeschick
+	Kooperationsbereitschaft
+	Sozialkompetenz
+	Begeisterungsfähikeit
+	Analyseähigkeit
+	Lernbereitschaft
+	Problem- und Ergebnisorientierung
+	Konfliktfähigkeit
fachliche Qualifikationen =	
+	Fachkenntnisse
+	Methoden- und Fachkompetenz
+	Fertigkeiten und Erfahrungen im Umgang mit Organisationsmethoden beziehungsweise Organisationstechniken
+	Erfahrung im Umgang mit dem zu gestaltenden System

Projektleiterformel (Aufgaben)	
+	**Projektinitialisierung und Vorbereitende Aufgaben** (Finanzierung, Organisationsform, Abstimmung mit Auftraggeber, Lastenheft, Auftragsbeschreibung, Ziele festlegen)
+	**Projektplanung** (Aufwand, Kapazitäten, Kosten, Zeit, Meilensteine, Zwischentermine, also die Projektstruktur)
+	**Projektsteuerung** (Projekt im Griff behalten durch Vergleich Ist-Daten mit Planungsdaten, Infos ans Team und vom Team auswerten, regelmäßige Teamsitzungen, Führungsqualitäten sind wichtig)
+	**Projektkontrolle** (regelmäßige Bilanz über den Projektverlauf, Einhaltung der Wirtschaftlichkeit, bei Abweichungen korrigierend eingreifen, besonders wichtig Informationsaustausch und Abstimmung zwischen betroffenen und Verantwortlichen)
+	**Qualitätssicherung** (auf Einhaltung der Qualität achten, Aufgaben werden oft delegiert Verantwortung liegt beim Projektleiter)
+	**Projektabschluss** (Übergabe bzw. Abnahme durch Auftraggeber, eventuelle Korrekturen, eventuelle Einührung bei der Zielgruppe, Reviewgespräch mit dem Team, Projektabschluss feiern)

Projektteam/Gruppenphasen

Phase	Bezeichnung	Beschreibung
1. Phase	Orientierungsphase/ Formierungsphase/ Forming	geprägt von Unsicherheit, Distanzwahrung, Zurückgezogenheit • Man tastet sich gegenseitig ab, lotet Grenzen aus, jeder versucht, sich von seiner besten Seite zu zeigen. • Aufgaben, Regeln für die Gruppe werden definiert.
2. Phase	Frust-/Konfliktphase, Storming	Es bestehen klare Rollen, aber evtl. Kampf um Rollen und Positionen. • Positionen werden geklärt und gefestigt. • oft Ablehnung der Aufgabenanforderungen • geistiger bzw. emotionaler Austritt Einzelner aus der Gruppe möglich
3. Phase	Akzeptanz-/ Nominierungsphase/ Norming	Entwicklung von Gruppennormen, starkes Wir-Gefühl • Die Rollen innerhalb der Gruppe sind vergeben, jeder hat seine Aufgabe. • Es entsteht eine kreative Arbeitsphase, Konflikte nehmen ab bzw. werden geklärt. • zunehmend intensivere Zusammenarbeit und Unterstützung
4. Phase	Routine-/ Arbeitsphase/ Performing	Jetzt ist die Gruppe am produktivsten. • Die Struktur der Gruppe funktioniert. • Die Aufgabenbearbeitung ist konstruktiv und funktional. • Energie fließt in die Aufgabe und nicht mehr in Rollenkämpfe.
5. Phase	Auflösungsphase/ Transforming	Einzelne beschäftigen sich bereits mit anderen Aufgaben. • Der Tonfall wird distanzierter, für Rituale ist plötzlich keine Zeit mehr. • Späße werden als albern oder unnötig angesehen.

A

Abnahmebereitschaft Zustand, in dem alle Bedingungen von Seiten des Auftraggebers und Auftragnehmers erfüllt sind, die für die Durchführung der Abnahme erforderlich sind.

Abnahmeerklärung,/Abnahmebestätigung Bestätigung durch den Abnahmeberechtigten, dass vertraglich vereinbarte Lieferungen und Leistungen erbracht sind.

Abnahmephase Projektphase, in der eine oder mehrere Abnahmen erfolgen.

Abnahmeprüfung Prüfungshandlungen, um zu ermitteln, ob eine Lieferung oder Leistung angenommen oder übernommen werden kann.

Abnahmevereinbarung Vereinbarung über Kriterien und Randbedingungen für die Projektabnahme.

Abschreibung bedeutet Wertverlust von Unternehmensvermögen; A. werden vorgenommen, um stets den aktuellen Wert des Betriebsvermögens aus der Buchführung ersehen zu können und den Wertverlust durch Abnutzung oder Alterung der Anlagegüter als Kosten buchhalterisch nachvollziehen und kostenrechnerisch in die Preiskalkulation einbeziehen zu können.

Ablaufstrukturen: Werkstattfertigung, Gruppenfertigung, Fliessfertigung(z.B. Druckerei), Fertigungssegmentierung (z.B. Modulbau), Gruppenarbeit (mehrere MA- eine Aufgabe/Kunde).

Abzugskapital versteht man Fremdkapital, welches dem Unternehmer zinslos zur Verfügung steht (z.B. Kundenzahlung, zinzlose Gesellschafterdalehen, Rückstellungen).

Arbeitsplatzbeschreibung: Bezeichnung der Stelle , organisatorische Einordnung, Kompetenzen der Stelle, Verantwortungsbereich, Ziel, Anforderungen an den Stelleninhaber.

Aktiva zeigen die Verwendung der Finanzmittel auf und sind Bestandteil der Bilanz eines Wirtschaftssubjekts. Die Aktiva werden üblicherweise auf der linken Seite einer Bilanz aufgezeigt.

Anderskosten sind eine Kostenkategorie in der Kostenrechnung, die zwar eine Entsprechung im Aufwand der Finanzbuchhaltung hat, aber aufgrund anderer Rechnungsziele anders bewertet wird. Als Beispiel können Abschreibungen genannt werden, die in der Finanzbuchhaltung oft nach degressiven Methoden vorgenommen werden, in der Kostenrechnung aber linear, aus Gründen einer gleichmäßigen Belastung des Kostenträgers über die gesamte Nutzungsdauer.

Angebotskalkulation wird zum Zweck der Preisfindung im Rahmen der Angebotsabgabe erstellt. Auf Basis der Angaben des potenziellen Kunden sollen unter Berücksichtigung der betrieblichen Möglichkeiten die voraussichtlichen Kosten der Produktherstellung festgestellt werden.

Anlagevermögen umfasst längerfristig eingesetzte Wirtschaftsgüter. Laut § 247 Abs. 2 HGB gehören zum Anlagevermögen alle Vermögensgegenstände eines Unternehmens, die dazu bestimmt sind, dauerhaft dem Geschäftsbetrieb zu dienen. Es umfasst alle Vermögensteile, die zum Aufbau und zur Ausstattung eines Betriebes nötig und langfristig im Unternehmen gebunden sind.

Arbeitsanalyse geht von einer vollständigen Aufgabenanalyse als schrittweiser Zerlegung der Gesamtaufgabe in Teilaufgaben aus. Diese werden dann in weitere Elementaraufgaben untergliedert, bis das Ziel der Arbeitsanalyse erreicht ist

Arbeitsproduktivität ist die Relation zwischen mengenmäßiger Arbeitsleistung und mengenmäßigem Arbeitseinsatz, z.B. die Produktionsmenge je Arbeiter (Pro-Kopf-Arbeitsproduktivität) oder je Arbeitsstunde (Arbeitsproduktivität je Stunde).

Arbeitssynthese aus der Zusammenfügung der gewonnenen Elementaraufgaben ergibt sich - unter Berücksichtigung der betrieblichen Ziele - die konkrete Gestaltung der Arbeitsabläufe.

Aufbaustrukturen/Liniensysteme:
Einlinien: vertikaler Informationsfluss durch einzelne direkte Vorgesetzte.
Mehrlinien: vertikaler und diagonaler Informationsfluss durch verschiedene Vorgesetzte.

Glossar

Stabslinien: vertikaler Informationsfluss, basiert auf Einliniensystem mit Stabsstellen Matrixsysteme: Kombination aus horizontalem und vertikalem Informationsfluss.

Aufbauorganisation = Statischer Unternehmensaufbau, Produktionsplanung, Termin, Personal, Investitionen, Instandhaltung.

Ablauforganisation = Dynamischer Produktionsablauf, Produktionssteuerung, Material, Kapazitäten, Produktion, Qualität. Organisation erfolgt jeweils nach Verrichtung (Abteilungen) oder Objekt (Ziel, Kunde).

Aufgabenanalyse schrittweise Zerlegung der Gesamtaufgabe in ihre einzelnen Bestandteile auf verschiedene Weisen, z.B. nach folgenden **fünf** Gesichtspunkten:
- **Verrichtungsanalyse** (die Analyse nach der Tätigkeit steht im Vordergrund, z.B. bei einer Brieferstellung mit Computer: Anschalten, Eintippen, Speichern)
- **Objektanalyse** (Bezug zu Objekten, z.B. Personalcomputer, Drucker, Papier, Bildschirm, Tastatur)
- **Ranganalyse** (zuerst erfolgt die Entscheidung, dann die Ausführung, z.B. Schreibentscheidung, Schreibdurchführung)
- **Phasenanalyse** (ist nach einem Prozess zu analysieren, z. B. Planung, Realisierung und Kontrolle der Inhalte des Briefes)
- **Zweckanalyse** (unterschieden werden Zweckaufgaben, z.B. Anfrage bzw. Mahnung, und Verwaltungsaufgaben, z.B. Pflege der Daten)

Aufwand ist bewerteter Verbrauch aller Güter (Waren und Dienstleistungen) in einer bestimmten Periode. Aufwendungen können, müssen aber nicht gleichzeitig Auszahlungen, Ausgaben und Kosten sein.

Auftragsabrechnung erfasst die tatsächlich angefallenen Fertigungszeiten sowie den Materialverbrauch, dient der Rechnungsstellung und wird nach Auftragserledigung durchgeführt. Die zur Produkterstellung benötigten Fertigungszeiten werden im Gegensatz zur Nachkalkulation mit den Plankostensätzen der Vorkalkulation bewertet.

Ausfallzeit entsteht durch bezahlte Abwesenheit der Arbeitskräfte (Urlaub, Krankheit, Pausen), aber auch wenn infolge Auftragsmangels nicht produziert werden kann. Sie ist weder Fertigungs-noch Hilfszeit und verringert die mögliche Kapazität einer Kostenstelle.

Ausführungszeit ist der Teil der Fertigungszeit, der unmittelbar zur Produktherstellung genutzt wird.

B

Bedürfnis ist ein Mangelzustand mit dem Ziel, diesen zu beseitigen

Beschaffungskosten sind bestellmengenabhängige Kosten, die durch den Bezug der Materialien entstehen und sich aus den Einstandspreisen für die Materialien ergeben.

Beschäftigungsgrad ist das Verhältnis zwischen maximaler und tatsächlich genutzter Kapazität
1 Schicht Betrieb = 100 %. 2 Schicht Betrieb = 200%
Arbeitsleistung= Arbeitsergebnis/Zeit.
Mengenleistung= Menge/Zeit.
Wirkungsgrad= Output (Arbeitsergebnis)/Input (Arbeitsgegenstand)
Leistungsgrad= Istleistung/Normalleistung .
Normalleistung= diejenige Leistung, die von jedermann bei ausreichender Eignung, Einarbeitung und Übung erbracht werden kann.

Beschäftigungsfixe Kosten auch als Bereitschaftskosten bezeichnet, fallen leistungsunabhängig an. Ihre Höhe wird von Änderungen der Auslastung vorhandener personeller, maschineller und sonstiger Kapazitäten nicht beeinflusst. Sie entstehen selbst dann, wenn innerhalb einer Periode überhaupt keine Leistungserstellung erfolgt. Ihre Höhe lässt sich auf mittlere und längere Sicht nur dadurch beeinflussen, dass man die Kapazität und/oder die Betriebsbereitschaft auf- bzw. abbaut. - Regelmäßig ist dies nur „in Sprüngen", in bestimmten Intervallen und nur zu bestimmten Terminen möglich.

Beschäftigungsvariable Kosten variieren in ihrer Höhe mit der Veränderung des Leistungsumfangs innerhalb der gegebenen Kapazitätsgrenzen. Obwohl sich Kosten auch über-oder unterproportional zur Veränderung der Beschäftigung verhalten können, wird in der Kostenrechnung aus rechentechnischen Gründen ein proportionaler Kostenverlauf unterstellt.

Die beschäftigungsvariablen Kosten werden auch als proportionale Kosten bezeichnet.

Bestandsminderung Minderung des Lagerbestands (Verkauf)

Bestandsmehrung Zugänge im Lager

Bestandsarten im Materialbereich sind das:
- Lagerbestand (ist zum Planungszeitpunkt körperlich im Lager)
- Höchstbestand (darf maximal am Lager sein)- Sicherheitsbestand (soll Puffer sein, um leistungsbereit zu bleiben)
- Meldebestand (bei seinem Erreichen muss bestellt werden)
- Buchbestand (vom Rechnungswesen geführter Bestand)
- Inventurbestand (körperlich erfasster Lagerbestand)

Bestellkosten sind bestell mengenunabhängige Kosten, die für die jeweiligen Bestellabwicklungen anfallen, z. B. für die Beschaffung, Material- und Rechnungsprüfung

Bestellpunktverfahren (auch Bestellpunktsystem) ist ein Verfahren zur Bestimmung von Bestellzeitpunkt und Bestellmenge in der Lagerhaltung. Durch die Anwendung des Bestellpunktsystems wird sichergestellt, dass immer Ware im Lager verfügbar ist wenn sie benötigt wird. Es gehört zu den verbrauchsorientierten Bestellverfahren. Beim Bestellpunktsystem wird eine Bestellung ausgelöst, sobald im Lager ein zuvor festgelegter Meldebestand (= Bestellpunkt) erreicht wird. Da bei jedem Lagerabgang der Lagerbestand mit dem Meldebestand verglichen wird, können kurzfristige Bedarfsschwankungen schneller berücksichtigt werden, weil keine fixen Bestellintervalle vorgegeben sind. Fehlmengenkosten können so leichter reduziert werden

Bestellrhythmusverfahren gehört zu den verbrauchsorientierten Bestellverfahren. Hierbei handelt es sich um eine terminbezogene Bestellauslösung bei der innerhalb konstanter Zeitintervalle (also zyklisch) eine Bestellung vorgenommen wird, wobei die Bestellmenge entweder fix vorgegeben ist oder variiert. Nach Ablauf des festen Bestellintervalls wird in jedem Fall nachbestellt, sofern Lagerbewegung stattgefunden hat. Vorteilhaft gegenüber dem Bestellpunktverfahren ist, dass eher Sammelbestellungen für gleichartige Materialien gebildet werden können, für die unter Umständen bessere Konditionen erzielt werden können. Ein weiterer Vorteil liegt im geringeren Kontrollaufwand, da während des Bestellintervalls keine Vorratsprüfungen vorgenommen werden.

Optimale Bestellmenge bezeichnet innerhalb der Beschaffungslogistik jene Menge, bei der die Summe aus den fixen und variablen Bestell- sowie Lagerhaltungskosten im Planungszeitraum ein Minimum aufweist. Je öfter bestellt wird, desto höher sind die Bestellkosten und desto niedriger die Lagerhaltungskosten. Bei einer geringeren Bestellhäufigkeit sind die Lagerhaltungskosten höher und die Bestellkosten niedriger. Die optimale Bestellmenge ist erreicht, wenn die Summe aus Bestell- und Lagerhaltungskosten am geringsten ist.

Betrieb in der Betriebswirtschaftslehre eine Wirtschaftseinheit, die Güter bzw. Leistungen erstellt und auf Märkten anbietet. Ort der Leistungserstellung.

Betriebsergebnis getrennt vom Unternehmensergebnis ermittelte Ergebnis des betrieblichen Leistungsprozesses durch Gegenüberstellung von Betriebskosten und -erträgen, Hiermit wird der Erfolg der betriebsgewöhnlichen Tätigkeit ermittelt.

Betriebsabrechnungsbogen Hilfsmittel zur Durchführung der Kostenstellenrechnung und zur Ermittlung der Stundensätze. Hier werden die Gemeinkosten verursachungsgerecht den Kostenstellen zugeordnet. Weiterhin wird er zur Schwachstellenanalyse verwendet.

Betriebsmittel alle Anlagen, Geräte, Maschinen und sonstige Arbeitsmittel, die im Arbeitssystem irgendwie daran beteiligt sind, die Arbeitsaufgabe auszuführen.

Betriebsstoffe werden in der Produktion benötigt, gehen aber nicht ins Produkt ein (Strom, Schmieröl, Reinigungsmittel).

Bilanz ist eine kurz gefasste Gegenüberstellung von Mittelverwendung (Aktiva) und Mittelherkunft (Passiva) in Kontenform zu einem festgelegten Stichtag.

Break even Point Punkt an dem der Umsatz und die Kosten gleich sind. Gesamtkostendeckung.

C

Controllingbegriff Unter Controlling ist die zielbezogene Unterstützung von Führungsaufgaben, die der systemgestützten Informationsbeschaffung und -verarbeitung zur Planerstellung, Koordination und Kontrolle dient, zu verstehen. Es ist eine Systematik zur Verbesserung der Entscheidungsqualität auf allen Führungsebenen.

Controllingkonzeption steckt als methodischer Ansatz diejenigen Bereiche ab, die eine inhaltliche Spezifikation erfordern. Damit wird ein Bezugsrahmen geschaffen, der die Rahmenbedingungen für die konkrete Ausgestaltung in einem Controllingsystem festlegt. Die Controllingkonzeption enthalt entscheidungs-und informationsbezogene Elemente.

Controllinginstrumente analytische Verfahren, die verfügbare Daten aufbereiten, sodass sie als Entscheidungsgrundlage dienen können

Controllingziele jene Ziele, die Grundlagen und Ursachen für den Aufbau von Controllingsystemen sind

D

Datenschutz: Zutrittskontrolle, Zugangskontrolle, Zugriffskontrolle, Weitergabekontrolle, Eingabekontrolle, Auftragskontrolle, Verfügbarkeitskontrolle, Trennungsgebot

Deckungsbeitrag ist in der Kosten- und Leistungsrechnung die Differenz zwischen den erzielten Erlösen (Umsatz) und den variablen Kosten. Es handelt sich also um den Betrag, der zur Deckung der Fixkosten zur Verfügung steht. Der Deckungsbeitrag kann sowohl auf die Gesamtmenge (DB) eines Produktes bezogen sein, als auch auf eine Mengeneinheit (db), um z.B. über die Vollkostenrechnung das Produktionsvolumen zu ermitteln, bei dem die Gewinnschwelle (=Break-Even-Point) erreicht wird. Auch als Direct Costing bezeichnet

Direktkosten können einem Auftrag direkt zugeordnet werden. Z.B. Farbe, Papier etc.

E

EDV Einsatz: JDF ist ein offenes Dateiformat, das sich als Industrie-Standard für die grafische Branche durchsetzen soll. Es basiert auf XML und ermöglicht den direkten Datenaustausch zwischen verschiedenen EDV-Systemen und den dahinterliegenden Maschinen, angefangen vom Produkt-Design über Vorstufe, Druck, Weiterverarbeitung bis zu e-Business-Anwendungen und den Management-Informationssystemen (MIS). Mittels JDF werden Management- und Produktionsdaten zusammengeführt.

Effizienz Zielerreichung mit geringstem Aufwand bzw. die richtigen Mittel zur Zielerreichung innerhalb einer Organisation einzusetzen.

Einzelkosten sind, im Gegensatz zu den Gemeinkosten, die für einzelne Kostenträger direkt erfassbaren Kosten. In der Druckindustrie fallen darunter insbesondere die Materialkosten (z.B. Papier, Farben) sowie die Kosten auftragsbezogener Fremdleistungen. Sie werden von der Kostenartenrechnung direkt an die Kostentragerrechnung (Kalkulation) übergeben.

Erlös Aus dem Verkauf der betrieblichen Leistung, also der Produkte und Dienstleistungen erwirtschaftete Entgelte. Obersteigen die Erlöse die Kosten, entsteht Gewinn.

Erlösschmälerung stellt sich dar durch die Gewährung von Preisnachlassen (z.B. Skonti, Bani), durch das Risiko des Zahlungsausfalls (Zahlungswagnisse) und auch durch Warenrücksendungen. Der verbleibende Erlös wird als Nettoerlös bezeichnet.

Ertrag ist der Wertezuwachs eines Unternehmens, der nach dem Prinzip der Erfolgswirksamkeit einem bestimmten Jahr zugeordnet wird. Man unterscheidet zwischen betriebsbedingten Erträgen und nicht betrieblichen (neutralen) Erträgen. Der Gegenbegriff ist Aufwand

Evaluierung die Beschreibung, Analyse und

Bewertung von Prozessen und Organisationseinheiten. Evaluation kann sich sowohl auf den Kontext (Voraussetzungen, Rahmenbedingungen), die Struktur, den Prozess als auch das Ergebnis (Produkt) beziehen. im Bereich der Multimediaproduktion bezieht sich Evaluierung auf die Einschätzung der Leistungsfähigkeit.

Externes Rechnungswesen erfasst jene Vorgange und Tatbestände, die sich aus den vielfaltigen Beziehungen zwischen einer Unternehmung und deren Umwelt (Lieferanten, Kunden, Kreditgeber, Staat und andere) ergeben. Es dokumentiert insbesondere die Erfolgs-, vermögens-und kapitalwirksamen Konsequenzen der einzelnen Geschäftsvorfälle und Geschäftsbeziehungen mit Dritten. Diese werden zunächst in der Geschäftsbuchhaltung festgehalten und dann aufbauend darauf, vor allem in Form der Bilanz und der Gewinn-und Verlustrechnung, den sich für die wirtschaftliche Lage eines Unternehmens interessierenden Außenstehenden, insbesondere den Eigenkapitalanlegern, den Gläubigern, staatlichen Instanzen und anderen Gruppen, nicht zuletzt auch der allgemeinen Öffentlichkeit, zur Kenntnis gebracht.

F

Fachkompetenz: Fähigkeit zur eigenen und selbstständigen Lösung von berufstypischen Aufgaben und das eigentliche Fachwissen. Methodenkompetenz: ist die Fähigkeit zur Anwendung und Übertragung bestimmter Lern- und Arbeitsmethoden und -techniken und insbesondere zurselbstständigen Erschließung unterschiedlicher Lernbereiche.

Fertigungskostenstelle Die Arbeitsplätze im Produktionsbereich eines Unternehmens werden hier kostenrechnerisch erfasst. Dazu gehören im Einzelnen Fertigungshaupt-, Fertigungsneben-und Fertigungshilfskostenstellen. In den Haupt-und Nebenkostenstellen der Fertigung werden Arbeitsverrichtungen vollzogen, die unmittelbar der Be-oder Verarbeitung der Haupt-und Nebenprodukte dienen. Demgegenüber erbringen die Hilfskostenstellen der Fertigung solche Leistungen, die ihrerseits Voraussetzung für die Aufrechterhaltung der Produktionsbereitschaft und für die Durchführung der Produktion sind.

Fertigungsmaterial zusammenfassender Begriff für Einzel-und Gemeinkostenmaterial, das zur Produktion benötigt wird.

Fertigungsverfahren: Vorgehensweisen zur Durchführung der Fertigung als
- Werkstattfertigung (Zusammenfassung gleichartiger Verrichtungen)
- Fließfertigung (Anordnung nach Fertigungsablauf)
- Gruppenfertigung (Kombination von Werkstatt- und Fließfertigung)
- Baustellenfertigung (Leistung am unbeweglichen Erzeugnis)
- Einzelfertigung (Erstellung eines einzigen Erzeugnisses)
- Serienfertigung (Erstellung mehrerer gleichartiger Erzeugnisse)
- Massenfertigung (Erstellung einer unbegrenzten Stückzahl)

Fertigungszeit die Zeit, die zur Fertigung eines Auftrags unmittelbar benötigt wird und diesem direkt zugeordnet werden kann (verkaufbare Leistung). Zu ihr zählen die Rüstzeit, die Ausführungszeit und die sonstige Fertigungszeit.

Finanzbuchhaltung (FiBu) ist ein Teilbereich des betrieblichen Rechnungswesens. Alle unternehmensbezogenen Vorgänge, die sich in Zahlenwerten ausdrücken lassen, werden hier mit den Methoden der Buchführung sachlich und zeitlich geordnet erfasst, auf Konten gebucht und dokumentiert.
Ziel: Die Finanzbuchhaltung ermittelt das Gesamtergebnis der Unternehmung.
Rechenweise: In der Finanzbuchhaltung werden alle Aufwendungen und Erträge zur Ermittlung des Unternehmungsergebnisses in der GuV-Rechnung (Gewinn und Verlust) erfasst.

Fixkosten Kosten, die in konstanter Höhe anfallen, unabhängig davon, welche Menge von einem Produkt erbracht wird. Ihnen liegen Entscheidungen über einen bestimmten Umfang betrieblicher Kapazität zugrunde. Kosten für die Betriebsbereitschaft.

Fremdleistung Einzelkosten für nicht im eigenen Betrieb erbrachte Leistungen und Teilprodukte, die für die Produktion eines Auftrags benötigt werden.

Führungsinstrument, das von einer Führungskraft im Rahmen eines Führungsstils eingesetzt wird, um einen gewünschten Führungserfolg zu bewirken. Als Führungsmittel stehen zur Verfügung:
- Prozessbezogene Führungsmittel (z.B. Ziele, Pläne, Kontrolle)
- Informationsbezogene Führungsmittel (z.B. Information, Gespräch)
- Aufgabenbezogene Führungsmittel (z.B. Kooperation, Delegation)
- Personenbezogene Führungsmittel (z.B. Beurteilung, Entlohnung, Entwicklung des Personals)

Führungsmittel =Führungsinstrumente, das von einer Führungskraft im Rahmen eines Führungsstils eingesetzt wird, um einen gewünschten Führungserfolg zu bewirken. Als Führungsmittel stehen zur Verfügung:
- Prozessbezogene Führungsmittel (z.B. Ziele, Pläne, Kontrolle)
- Informationsbezogene Führungsmittel (z.B. Information, Gespräch)
- Aufgabenbezogene Führungsmittel (z.B. Kooperation, Delegation)
- Personenbezogene Führungsmittel (z.B. Beurteilung, Entlohnung, Entwicklung des Personals)

G

Gemeinkosten Kosten, die sich keinen bestimmten Produkten bzw. Leistungseinheiten (Kostenträger, Kostenstelle) zurechnen lassen, z. B. Mietkosten, Geschäftsführergehalt.

Gemeinkostenschlüssel sind von der Vollkostenrechnung genutzte Rechengrößen für die Aufteilung von Kosten auf einzelne (prinzipiell gleichartige) Kalkulationsobjekte, für die sie gemeinsam anfallen. Es sind MaBgr6Ben, für die anteilige kostenmäßige Belastung miteinander verbundener Kalkulationsobjekte. Sie treten als Wertschlüssel, wie z.B. Raumgröße, technische Maßgrößen, Gewicht, Volumen und dergleichen in Erscheinung.

Gewinn auch Nettogewinn, bezeichnet in seiner allgemeinen Verwendung den Erfolg autonomer einzelwirtschaftlicher Tätigkeit. Der Gewinn ist das positive Betriebsergebnis. Er ergibt sich als Unterschied zwischen Aufwand und Ertrag.
Ertrag–Aufwand = Gewinn

Gewinn und Verlustrechnung (abgekürzt jeweils GuV oder GVR) ist neben der Bilanz ein wesentlicher Teil des Jahresabschlusses, also der externen Rechnungslegung eines Unternehmens. Sie stellt Erträge und Aufwendungen eines bestimmten Zeitraumes, insbesondere eines Geschäftsjahres, dar und weist dadurch die Art, die Höhe und die Quellen des unternehmerischen Erfolges aus. Ausgehend von den Umsatzerlösen wird das Jahresergebnis des Unternehmens als Gewinn oder Verlust ermittelt.

Grenzkosten sind in der Betriebswirtschaftslehre und der Mikroökonomik die Kosten, die durch die Produktion einer zusätzlichen Einheit eines Produktes entstehen. „Grenzkosten sind der Kostenzuwachs, der durch die Mehrproduktion einer Ausbringungseinheit entsteht." als proportionale Kosten

Grenznutzen ist der Nutzen, den die letzte verbrauchte Einheit eines Gutes stiftet. Der Grenznutzen kann positiv, gleich Null oder negativ sein und hängt von der bisherigen Verbrauchsmenge ab. So wird ein durstiger Zecher dem ersten Bier einen hohen positiven Grenznutzen zumessen, dem fünften gleichgültig gegenüberstehen (Grenznutzen gleich Null), nach dem zehnten unangenehme Folgewirkungen (Grenznutzen negativ) spüren.

Güter Alle Mittel die geeignet sind Nutzen zu bringen

H

Handlungskompetenz: Die Handlungskompetenz setzt sich aus Fach-, Methoden-, Sozial-, und Persöhnlichkeitskompetenz zusammen. Nur durch die Verknüpfung dieser Teilkompetenzen ist es möglich, betriebliche Aufgaben erfolgreich zu erfüllen.

Hauptkostenstelle ist eine Kostenstellenkategorie, die in der Kostenstellenrechnung zum Zwecke der Verrechnung innerbetrieblicher Leistungen gebildet wird. Auf

Endkostenstellen werden die betrieblichen Erzeugnisse (Kostenträger) gefertigt. Sie erhalten die für den Produktionsprozess notwendigen Infrastrukturleistungen, wie etwa Energieversorgung, innerbetrieblicher Transport und Verwaltung von den vorgelagerten Hilfskostenstellen im Rahmen der innerbetrieblichen Leistungsverrechnung. Endkostenstellen selbst geben typischerweise keine Leistungen an andere Kostenstellen ab.

Herstellkosten sind die Summe aus folgenden Kostenpositionen:

- Fertigungskosten
- Fremdleistungskosten
- Verwaltungskosten
- Materialkosten (einschließlich Gemeinkostenzuschläge)

Hilfskostenstelle ist eine Kostenstellenkategorie, die in der Kostenstellenrechnung zum Zwecke der Verrechnung innerbetrieblicher Leistungen gebildet wird. Auf Hilfskostenstellen selbst werden keine Kostenträger gefertigt sondern sie erbringen lediglich die für den Produktionsprozess notwendigen Infrastrukturleistungen, wie etwa Energieversorgung, innerbetrieblicher Transport und Verwaltung. In der innerbetrieblichen Leistungsverrechnung werden die Gemeinkosten der Hilfskostenstellen direkt oder indirekt auf die Endkostenstellen verrechnet, da die Kosten einer Hilfskostenstelle nicht direkt auf einen Kostenträger umgelegt werden können.

Hilfsstoffe gehen in das Erzeugnis ein, sind aber unbedeutend (Farben, Nägel, Nieten).

Hilfszeit ist nicht unmittelbar mit der Herstellung eines Auftrags in Verbindung zu bringen und nur beschränkt beeinflussbar/vermeidbar. Sie beinhaltet Störungen durch Betriebsmittel und Fertigungsmaterial (z.B. Riss der Papierbahn), organisatorisch bedingte Wartezeiten (bspw. Wartezeiten aufgrund fehlender Arbeitsunterlagen) sowie Zeiten zur Herbeiführung und Aufrechterhaltung der Betriebsbereitschaft. Unter letztere fallen als Beispiel die Reinigung von Entwicklungsmaschinen und der Gummituchwechsel an Druckmaschinen.

I

Istkosten stellen jene Kosten dar, die während vergangener Abrechnungsperioden tatsächlich verursacht wurden. Alle Betrachtungen der Istkosten sind daher vergangenheitsorientiert.

Innerbetriebliche Leistung Leistungen des Betriebs, die nicht für den Absatz bestimmt sind; ins besondere jene der allgemeinen Kostenstellen, Materialkostenstellen, Fertigungshilfskostenstellen etc. Verrechnung innerbetrieblicher Leistung

Innerbetriebliche Leistung, Methoden:

-**Nullmethode** (keine Verrechnung
-**Einzelkostenverfahren** (nur EK, keine GK verrechnet) = Kostenartenverfahren
-**Kostenstellenausgleichsverfahren** (EK werden auf empfangenen Stellen erfasst.
GK der leistenden Stelle werden als Zuschlag nachverrechnet.)
-**Kostenstellenumlageverfahren**

- Blockkostenverfahren (Kosten von leistenden Stellen werden den empfangenen. Hauptkostenstellen zugerechnet; keine gegenseitige Verrechnung)
= Anbauverfahren
- Stufenverfahren (bevor die Kosten der leistenden Stelle auf die Hauptkostenstellen umgelegt werden, werden sie untereinander verrechnet. Aber nur in eine Richtung)
= Stufenleiterverfahren

-**Kostenträgerverfahren** (Abrechnung von EK mit GK-Zuschlägen wie für einen normalen Fertigungsauftrag)

-**Simultanverfahren** = mathematisches Verfahren genauestes Verfahren (Hilfskostenstellen werden untereinander verrechnet)

Internes Rechnungswesen ist in erster Linie ein Instrument der Unternehmensführung. Es informiert das obere, mittlere und untere Management vor allem über die erfolgsmäßigen Konsequenzen der Leistungserstellung und -verwertung.

Inventur liefert die Daten für das gemäß § 240 HGB geforderte Bestandsverzeichnis des Vermögens und der Schulden der Unternehmung. Dazu ist im Regelfall jährlich eine körperliche Bestandsaufnahme (Wiegen, Messen und Bewerten) erforderlich.

Inventar ist das Bestansverzeichnis aus der Inventur

J

Jahresabschluss ist der rechnerische Abschluss eines kaufmännischen Geschäftsjahres. Er stellt die finanzielle Lage und den Erfolg eines Unternehmens fest und beinhaltet den Abschluss der Buchhaltung, die Zusammenstellung von Dokumenten zur Rechnungslegung sowie deren Prüfung, Bestätigung und Veröffentlichung. Bei Unternehmen, die der Pflicht zur Buchführung unterliegen, sind die Hauptbestandteile des Jahresabschlusses die Bilanz und die Gewinn- und Verlustrechnung, gegebenenfalls ergänzt um den Anhang und den Lagebericht.

Job Enlargement ist die englische Bezeichnung für Aufgabenerweiterung, Arbeitserweiterung um strukturell gleichartige Aufgaben. In der Regel kommt es nur zu einer Erweiterung des Tätigkeitsspielraumes, nicht jedoch zu einer Veränderung des Entscheidungsspielraumes.

Job Enrichment deutscher Begriff ist: Aufgabenanreicherung. Hinzufügen von Entscheidungskompetenzen zur Realisation der Arbeitsaufgabe oder Hinzufügen von erweiterten Aufgaben, die der Höherqualifikation des 'Mitarbeiters dienen.

Job Rotation deutscher Begriff ist: Systematischer Arbeitsplatzwechsel. Systematischer Arbeitsplatzwechsel mit den Zielen: Entfaltung und Vertiefung der Fachkenntnisse und Erfahrungen der Mitarbeiter, Vermeiden von Arbeitsmonotonie sowie Förderung des Führungsnachwuchses.

Joint Venture ist eine verbreitete Form der Kooperation von Unternehmen mit ausländischen Partnern. Dabei wird ein neues rechtlich selbständiges Unternehmen durch eine Kapitalbeteiligung von mindestens je einem in – und ausländischen Partner gegründet oder erworben.

Juristische Person ist ein Rechtssubjekt, das aufgrund gesetzlicher Anerkennung rechtsfähig ist, d. h. selbst Träger von Rechten und Pflichten sein kann, dabei aber keine natürliche Person ist.

Just in time-Prinzip besteht in der produktionssynchronen Beschaffung von Werkstoffen.

K

Kaufmann ist, wer ein Handelsgewerbe betreibt, § 1 Abs. 1 HGB. Kaufmann ist, wer ein Handelsgewerbe von solcher Bedeutung betreibt, dass man davon ausgehen kann, dass er sich mit den Gepflogenheiten des Handels auskennt, weshalb man ihn den Besonderheiten des Handelsrechts unterwirft.

Kalkulation ist ein Teilgebiet der Kostenträgerrechnung und hat als Kostenträgerstuckrechnung das Ziel, die Kosten einzelner Einheiten der produzierten und abgesetzten Kostenträger zu ermitteln. Diese Informationen werden insbesondere für die Preisfindung benötigt. In der Druckindustrie ist die Zeitwertkalkulation üblich. Bei einer zeitpunktbezogenen Betrachtung wird unterschieden in Angebotskalkulation (Vorkalkulation), Auftragskalkulation und Auftragsabrechnung (Nachkalkulation).

Kalkulatorische Abschreibung dieser Begriff wird in der Druckindustrie zur Abgrenzung von der bilanziellen Abschreibung und steuerlichen Absetzung für Abnutzung verwendet. Das Ziel ist die Substanzerhaltung des Unternehmens. Ais Bemessungsgrundlage dient hierzu der Wiederbeschaffungsneuwert, der i. d. R. höher als die Anschaffungs- und Herstellkosten liegt.

Kalkulatorische Kosten, die entweder keinen Aufwand darstellen oder den en ein in Hohe und Zeitpunkt der Entstehung veränderter Aufwand gegenübersteht. Wesentliche kalkulatorischen Kostenarten sind kalkulatorische Abschreibungen, kalkulatorische Zinsen, kalkulatorische Wagnisse und der kalkulatorische Unternehmerlohn. Praxis gerecht und unterliegt demzufolge auch einer Prägung des Anwendungsbereichs (vor allem von der Branche sowie von leistungswirtschaftlichen und organisatorischen Besonderheiten).

Kapazität nennt man die maximal mögliche Leistungsfähigkeit von Menschen und/oder Betriebsmitteln (Kapazitäten) in einem bestimmten Zeitabschnitt. Sie wird bestimmt durch die Art und Menge der derzeit vorhandenen Produktionsfaktoren.

Kompetenzen:
Fachkompetenz: Fähigkeit zur eigenen und selbstständigen Lösung von berufstypischen Aufgaben und das eigentliche Fachwissen.

Methodenkompetenz:: ist die Fähigkeit zur Anwendung und Übertragung bestimmter Lern- und Arbeitsmethoden und -techniken und insbesondere zurselbstständigen Erschließung unterschiedlicher Lernbereiche.

Handlungskompetenz: Die Handlungskompetenz setzt sich aus Fach-, Methoden-, Sozial-, und Persöhnlichkeitskompetenz zusammen. Nur durch die Verknüpfung dieser Teilkompetenzen ist es möglich, betriebliche Aufgaben erfolgreich zu erfüllen.

Komplementärgut 2 Güter die voneinander abhängig sind. Z.B. Auto und Benzin

Kontinuierlicher Verbesserungsprozess
-Der MA steht im Mittelpunkt des Geschehens und soll maßgeblich am Veränderungsprozess beteiligt werden
-Standards liefern die notwendige Basis zur Verbesserung
-Alles kann noch weiter bebessert werden
-Es gibt dafür keine eindeutigen Ziele, nur kleine permanente Schritte
-Bedingung für Verbesserungsbereitschaft sind Fehlertoleranz, Offenheit und Sicherheit

Kosten stehen betriebswirtschaftlich gesehen für den bewerteten Verbrauch an Produktionsfaktoren und Dienstleistungen in Geldeinheiten (GE), welche zur Erstellung der betrieblichen Leistung notwendig sind.

Gemeinkosten werden dem Kostenträger indirekt zugerechnet. Bsp. Anteilige Mietkosten, AfA, Kalkulatorische Zinsen Maschinenstundensatz usw.

Einzelkosten lassen sich einem Kostenträger direkt zurechnen. Bsp. Fertigungsmaterial Fertigungslöhne usw.

Fixe Kosten sind von der Beschäftigung unabhängig und sind ein Teil der Gesamtkosten. Bsp. Steuern, Miete Beiträge usw.

Variable Kosten sind Einzelkosten und von der Beschäftigung abhängig. Sie sind derjenige Teil der Gesamtkosten, welcher sich bei einer Änderung der betrachteten Bezugsgröße ebenfalls ändert. Proportional (linear):= Die gesamten variablen Kosten Kv ändern sich im selben Verhältnis wie die Bezugsgrößenmenge x. Die variablen Stückkosten kv bleiben, unabhängig von der Ausbringungsmenge, konstant und sind identisch mit den Grenzkosten. Bsp. Fertigungsmaterial, Fertigungslöhne.

Proportionale Kosten ändern sich im gleichen Verhältnis zum Beschäftigungsgrad. Bsp. Fertigungsmaterial

Überproportionale Kosten steigen schneller als der Beschäftigungsgrad. Bsp. Überstundenzuschläge bei Löhnen

Unterproportionale Kosten steigen langsamer als der Beschäftigungsgrad. Bsp. Mengenrabatt bei Rohstoffkosten

Grenzkosten sind in der Betriebswirtschaftslehre und der Mikroökonomik die Kosten, die durch die Produktion einer zusätzlichen Einheit eines Produktes entstehen. Sie werden auch als proportionale Kosten bezeichnet."Grenzkosten sind der Kostenzuwachs, der durch die Mehrproduktion einer Ausbringungseinheit entsteht." als proportionale Kosten.

Kommunikationspolitik zu unterscheiden sind:
- Werbung (Kauferverhalten beeinflussen, z.B. durch Fernsehwerbung)
- Verkaufsförderung (Umsatz steigern, z.B. durch Schulung, Kataloge)
-Öffentlichkeitsarbeit (z.B. Produktimage durch Pressemitteilungen verbessern)
- Product Placement (Aufmerksamkeit auf Produkt lenken, z.B. in Fernsehfilmen)
- Sponsoring (Geld- oder Sachmittel aufbringen, z.B. für Trikots von Sportlern)
- Persönlicher Verkauf (Unmittelbaren Kontakt pflegen, z.B. zu den Käufern)

Glossar

Kostenartenrechnung ist die erste von drei Stufen der Kosten- und Leistungsrechnung. Im Rahmen der Kostenartenrechnung müssen die Kosten von Aufwendungen abgegrenzt und die angefallenen Kosten einer Abrechnungsperiode erfasst und gegliedert werden Nach der Art der verbrauchten Produktionsfaktoren .Personalkosten (Löhne, Gehälter, Aufwand für Abfertigung und Pension, Sozialaufwand etc.) Materialkosten (Rohstoffe, Hilfsstoffe, Betriebsstoffe, Vorprodukte etc.) Dienstleistungskosten (inklusive öffentlicher Abgaben; Transport, Energie, Beratung, Versicherung etc.) Kapitalkosten (Zinsen, Dividenden) Raumkosten (Miete, Pacht, Reinigung)kalkulatorische Kosten (kalk. Abschreibung, kalk. Zinsen, kalk. Wagnisse etc.)

Kostenrechnung ist ein Gebiet des Rechnungswesens und entspricht der Betriebsbuchhaltung, in die auch die Leistungsrechnung eingegliedert ist. Dadurch wird sie zu einer kalkulatorischen Erfolgsrechnung. Zu unterscheiden sind:
- Aufbau der Kostenrechnung (Kostenartenrechnung, Kostenstellenrechnung, Kostenträgerrechnung)
- Systeme der Kostenrechnung (Istkostenrechnung, Normalkostenrechnung, Plankostenrechnung, Vollkostenrechnung, Teilkostenrechnung, Prozesskostenrechnung, Zielkostenrechnung)

Kostenfunktion gibt den Zusammenhang zwischen produzierten Mengen (x) und den dabei entstehenden Kosten (K) wieder. Man kann eine Kostenfunktion mathematisch als Gleichung formulieren oder grafisch darstellen.

Mathematisch: $K = Kf + kv * x$ (lineare Kostenfunktion
K = Gesamtkosten
Kf = Fixkosten
kv = variable Stückkosten
x = produzierte Menge

Kostenstelle ist der Ort der Kostenentstehung und der Leistungserbringung. Er wird nach Verantwortungsbereichen, räumlichen, funktionalen, aufbauorganisatorischen oder verrechnungstechnischen Aspekten gebildet. Die Kostenstelle ist ein Kostenrechnungsobjekt mit der Aufgabe, die in einem Unternehmensteil, meist einer Abteilung, angefallenen Kosten zu sammeln.

Kostenträger bildet - nach Kostenarten- und Kostenstellenrechnung - die dritte Stufe der Kostenrechnung und Übernimmt die Einzelkosten aus der Kostenartenrechnung sowie die Gemeinkosten (als Zuschlagsätze) aus der Kostenstellenrechnung. Die Kostenträgerrechnung erfolgt als:- Kostenträgerstückrechnung (Selbstkosten pro Kostenträger)- Kostenträgerzeitrechnung (Kosten/Erlöse pro Periode)

Kostenträgerrechnung ist eine besondere Art der Kalkulation im Rahmen der Kosten- und Leistungsrechnung eines Unternehmens. Die Kostenträgerrechnung steht am Ende der Kostenrechnung und soll die Herkunft der Kosten klären. Die zentrale Aufgabe besteht in der Ermittlung der Herstell- und Selbstkosten (beispielsweise für Bestandsbewertung, Verrechnungspreise oder Planungsaufgaben).

Kosten- und Leistungsrechnung können Aussagen über die Wirtschaftlickeit des Betriebes gemacht werden.

Kosten- und Leistungsrechnung, Rechenweise
Die Kosten- und Leistungsrechnung ermittelt, welche Leistungen der Betrieb erstellt und welche Kosten diese Leistungserstellung verursacht, wo die Kosten entstanden sind und welche Leistungen zuzurechnen sind. Die Kosten- und Leistungsrechnung (KLR) auch als Kosten- und Erlösrechnung (KER) bezeichnet, ist ein Aufgabengebiet der Betriebswirtschaftslehre. Sie ist Teil des internen Rechnungswesens und unterliegt im Vergleich zur Finanzbuchhaltung kaum gesetzlichen Vorschriften. Die KLR dient in erster Linie der Informationsbereitstellung für die kurzfristige (operative) Planung von Kosten und Erlösen sowie deren Kontrolle anhand von Istdaten.

Kostenträgerstückrechnung=mit ihrer Hilfe lassen sich die Selbstkosten ermitteln, die für einen Kostenträger anfallen. Sie wird auch als Kalkulation bezeichnet und kann sein:- Vorkalkulation- Zwischenkalkulation- Nachkalkulation Verfahren der Kostenträgerstückrechnung sind:- Divisionskalkulation (einheitliche Massenfertigung)- Äquivalenzziffernkalkulation (gleichartige Ausgangsmaterialien)- Zuschlagskalkulation (verschiedene Erzeugnisse/ Abläufe)- Kuppelkalkulation (zwangsweise gemeinsame Fertigung)

Kostenvergleichsrechnung ist ein Verfahren der Investitionsrechnung und dient zum Vergleich mehrerer Investitionsalternativen. Hierbei werden die Gesamtkosten der Alternativen ermittelt und die kostengünstigste ausgewählt.

Kritischer Pfad wird der Weg durch ein Netzwerk genannt, mit dem alle Arbeitsgänge verbunden sind, deren Bearbeitungszeit nicht verlängert werden kann, ohne damit die Gesamtzeit des Projekts zu verlängern. Die Dauer des gesamten Arbeitsablaufs eines Projekts wird bestimmt von den am längsten dauernden (voneinander abhängigen) Teilprozessen. Der kritische Pfad steht im Zusammenhang mit der Netzwerktechnik.

L

Lean Producion: Verringerung der Fertigungstiefe

Leistung ist das Ergebnis des betrieblichen Prozesses zur Produktion von Gütern und Dienstleistungen, d. h. eine bewertete, sachzielbezogene Güterentstehung. Es sind dabei drei Sichtweisen zu unterscheiden:
a) Zeit zur Erstellung einer bestimmten Menge. Dies sind im Druckbereich die Zeitangaben pro 1.000 Stück.
b) Produzierte Menge innerhalb einer Zeiteinheit (wird auch als Stundenleistung, Menge pro Stunde oder mengenmäßiger Output bezeichnet).
c) Mit Geld bewertetes Produktionsergebnis. Dieses wird ermittelt bei Stückkosten mit der produzierte Menge und den Kosten pro Stück; bei Zeitwerten aus der benötigten Produktionszeit und dem jeweiligen Stundensatz. In diesem Sinne stellen Leistungen den Gegenbegriff zu Kosten dar, wobei diese Bedeutung auch durch den Begriff Erlös übernommen wird.

Leistungsgrad ist das Verhältnis zwischen tatsächlicher Leistung und geplanter Leistung. Der Leistungsgrad bei einem Arbeitsgang ergibt sich aus der Relation zwischen beobachteter Leistung und Normalleistung. Die beobachtete Leistung wird durch Zeitmessungen gewonnen:

Leistungsrechnung verfahren zur Erfassung und Verrechnung von Leistungen der Produktionsbereiche zur Herstellung der Kostenträger (Produkte). In Leistungsstatistiken werden die erhobenen Daten gesammelt und ausgewertet. Hier wird die Grundlage zur Bewertung des Produktionsergebnisses dargestellt. Sie ist ein Teil der Kosten-und Leistungsrechnung.

Logistik wird unterschieden nach: Beschaffungslogistik, Bestandslogistik, Produktionslogistik, Absatzlogistik und Entsorgungslogistik. Die Ziele einer Logistikkette: ganzheitliche Betrachtung, Senkung der Bestände, Verkürzung der Durchlaufzeiten, Realisierung und Kontrolle des Materialflusses, produktionssynchrone Beschaffung (Just In Time).

Logistikarten: Beschaffungslogistik, Produktionslogistik, Absatzlogistik, Entsorgungslogistik

M

Management by Exception (Ausnahme)
-Mitarbeiter entscheiden innerhalb eines Rahmens
-Bei außergewöhnlichen Abweichungen muss der Mitarbeiter den Vorgang seinem Vorgesetzten vorlegen

Management by Delegation
-Kompetenzen und Handlungsverantwortung werden soweit wie möglich auf den Mitarbeiter übertragen
-Typische Führungsfunktionen dürfen nicht delegiert werden
-Vorgesetzte sollen entlastet werden
-Eigeninitiative, Leistungsmotivation und Verantwortungsbereitschaft wird gefördert

Management by Objectives (Zielvereinbarungen)
-Personalführung erfolgt auf Grundlage von Zielen
-Die Ziele müssen zeitbezogen, eindeutig, und operationalisierbar sein sowie Prioritäten enthalten

Management by Systems
-Personalführung erfolgt durch Systemsteuerung
-Alle betrieblichen Abläufe werden im Sinne von Regelkreisen gesteuert-Regelkreise bestehen aus: Zielsetzung– Realisation – Kontrolle - Rückmeldung

Marketingplan ein Instrument des Marketing-Managements zur Bestimmung und Durchsetzung der Marketingpolitik des Unternehmens, das unterschied-

liche Funktionen haben kann als:
- Absatzplan (weist Absatzzahlen aus)
- Maßnahmenplan (bereitet den Einsatz der marketingpolitischen Instrumente vor)
- Kostenplan (beinhaltet die Vertriebskosten)

Marktarten: offene, geschlossene Märkte, lokaler, regionaler, internationaler Markt; Beschaffungsmarkt, Absatzmarkt, Arbeitsmarkt, Kapitalmarkt, Gebrauchtwagenmarkt

Marktforschung stellt das systematische und methodisch einwandfreie Untersuchen eines Absatzmarktes mit dem Ziel dar, marktbezogene Informationen zu erlangen. Es sind zu unterscheiden:
- Formen der Marktforschung (Marktanalyse und Marktbeobachtung)
- Arten der Marktforschung (Sekundär- und Primärforschung)
- Methoden der Marktforschung (Befragung, Beobachtung, Experiment)

Minimalprinzip gehört mit zum Wirtschaftlichkeitsprinzip: Ein bestimmtes Gut mit einem Minimum an Kosten herstellen.

Mitarbeiterbeurteilung Bereiche:
- Leistungsbeurteilung: in der Vergangenheit erbrachte Art und Weise der Leistung,
- Potenzialbeurteilung: Übertragung der erbrachten Ist Leistung auf künftige persönliche und berufliche Weiterentwicklung und künftiges Leistungsverhalten.
- Persönlichkeitsbeurteilung: Erfassung der gesammten Persönlichkeit des Mitarbeiters.

Mitarbeitergespräch Gesprächsführung:
- Einleitung: sich auf den Mitarbeiter einstellen, gute Atmosphäre schaffen, Zielsetzung und Anlass nennen.
- Gesprächsführung: keine Monologe, freie Äußerung zulassen, aufmerksam zuhören, offene Fragen stellen, Redeanteil Mitarbeiter/ Vorgesetz ter 70 : 30 %, durch Wiedeholungen richtiges Verstädnis sichern.
- Beendigung: wesentliche Punkte zusammenfas sen, positiven Ausgang anstreben und das Gespräch nicht abrupt beenden.

Unterteilung nach Anlass:
- neutraler Anlass: Personalentwicklungsgespräch
- belasteter Anlass: Konfliktgespräch, Kritikgespre äch, Beurteilungsgespräch, Feedbackgespräch, Entlassungsgespräch.

Grundsätzliche Vorgehensweise:
- Beobachten: Was? Regelmäßiges Arbeitsverhalten und Arbeitsleistung; Wo? Leistung am Arbeits platz, Verhalten auch in Besprächungen, Seminaren und Veranstaltungen; Wann? Zu unterschiedlichen Tageszeiten und während der Beurteilungsperiode; Wie? Wertefrei mit schrift licher positiver und negativer Aufzeichnung.
- Beschreiben: Stichpunktartiges Festhalten der Situation vor Ort.
- Bewerten: Übertragung der Ist Leistung und Verhaltens in ein vorher festgelegtes Beurteilungs schema.
- Besprechen: Ergebnis wird zwischen den Beteiligten besprochen.

Maximalprinzip gehört mit zum Wirtschaftlichkeitsprinzip: mit vorhandenen Mitteln das Mögliche Maximum an Gütern erzeugen.

N

Nachforderungsmanagement Aufgabengebiet innerhalb des Projektmanagements zur Überwachung und Beurteilung von Abweichungen beziehungsweise Änderungen und deren wirtschaftlichen Folgen zwecks Ermittlung und Durchsetzung von Ansprüchen.

Nachkalkulation mit ihrer Hilfe werden die tatsächlich angefallenen Fertigungszeiten sowie der Materialverbrauch erfasst und mit den Istkostensätzen, also mit den Kostensätzen aus dem Betriebsabrechnungsbogen bewertet. Während in der Auftragsabrechnung die benötigte Zeit mit den eingesetzten Stundensätzen der Vorkalkulation zum Vergleich des Erfolgs herangezogen werden, wird hier mit den tatsächlichen Kosten der Kostenstelle gerechnet und eine reale Darstellung des wirtschaftlichen Erfolges dargestellt. In der Vor- bzw. Angebotskalkulation werden Stundensätze angesetzt die idealerweise auf Werten der Planungsrechnung basieren.

Normalleistung unter Normalleistung versteht man eine normalisierte Bezugsleistung, die für Vorgabezeiten, beispielsweise zur leistungsbezogenen Entlohnung (Prämien- oder Akkordlohn), herangezogen wird.

Nutzungsgrad er ist das Verhältnis der Fertigungsstunden zur Summe der Fertigungs-und Hilfsstunden.

Nutzwertanalyse berücksichtigt die qualitativen Kriterien eines Investitionsvorhabens.

O

Opportunitätskosten versteht man die Kosten des entgangenden Gewinns z.B. beim Kauf einer Maschine anstatt das Geld bei einer Bank anzulegen.

Outsourcing ist das ausgliedern einzelner Aufgaben bis hin zu gesamten Funktionsbereichen aus der eigenen Unternehmeskompetenz.

Outplacement ist eine vom Unternehmen finanzierte Dienstleistung durch Berater, die im Rahmen der Personalfreistellung der beruflichen Neuorientierung ausgeschiedener Führungskräfte bzw. Mitarbeiter dient. Die Beratung zielt darauf ab eine angemessene neue Tätigkeit zu finden.

P

Passiva - auch Passivseite oder Passiven genannt - bilden einen Bestandteil der Bilanz eines Wirtschaftssubjekts. Die Passivseite stellt die Mittelherkunft eines Unternehmens dar. Sie gibt Auskunft darüber, in welchem Verhältnis das Vermögen eines Unternehmens durch Eigenkapital und Fremdkapital finanziert ist.

Personalentwicklung:„Personalentwicklung ist die personalwirtschaftliche Funktion, die darauf abzielt, der Belegschaft aller hierarchischer Ebenen Qualifikationen der gegenwärtigen und zukünftigen Anforderungen zu vermitteln. Sie beinhaltet die individuelle Förderung der Anlagen und Fähigkeiten im Hinblick auf die Verfolgung betrieblicher und individueller Ziele" (Hentze 1994). Umfassende Maßnahmen innerhalb und außerhalb eines Unternehmens, die der Erkennung, Vermittlung undFörderung von Fach-, Methoden-, Sozial- und Managementkompetenz, von Wissen, Können und Verhalten der Mitarbeiter dienen.

Phasen der Personalentwicklung:
- Entwicklung und Analyse des Bedarfes,
- Formulierung des Ziele,
- Planung und Organisation der Maßnahmen,
- Durchführung der Maßnahme,
- Erfolgskontrolle

Persönlichkeitskompetenz: ist die Gesamtheit der Verhaltensrelevanten Persönlichkeitsmerkmale und Verhaltensdispositionen, die in unterschiedlichen sozialen Situationen den erfolgreichen Einsatz von Kenntnissen und Fähigkeiten erlauben.

Personalentwicklung, Maßnahmen der:
- Ausbildung: Berufsaus-bildung, Trainee, Einarbei tung.
- Fort-, und Weiterbildung: Seminare, Beratung, Förderung.
- Aufgabenstrukturierung: Bildung von Gruppen, Stellvertrettung, Projektarbeit, Sonderaufgaben, Job Enlargement, Job Enrichment, Job Rotation.
- Kariereplanung: Laufbahnplanung, Nachfolgepla nung, Versetzung.

Potenzialeinschätzung: ist die Ermittlung der Möglichkeiten einer individuellen beruflichen Weiterentwicklung und die Eignung des Mitarbeiters für zukünftige Aufgaben.
- Fördergespräch: Schriftliche Vorbereitung mit Fragebogen zur weiteren beruflichen Entwicklung, offenes Gespräch über die persönliche Zufrieden heit, konkreter Verbleib mit Zielsetzung.
- Vorgesetztenbefragung: Der direkte Vorgesetzte kennt seinen Mitarbeiter am besten,
- Testverfahren: Inteligenz-, Aufmerksamkeits- und

Konzentrationstests, Ermittlung der motorischer Fähigkeiten und des technischen Verstädnisses.

- Assessment-Center: Ein Personalauswahlverfahren im Hinblick auf die spezifischen Belange eines Unternehmens, dient zur Klärung der Potenziale und Fähigkeiten.

Personalentwicklungsziele, Gliederung der:

- aus Sicht des Unternehmens,
- aus der individuellen Sicht des Mitarbeiters,
- aus Sicht des Mitarbeiters in der Rolle des Vorgesetzten.

Personalbestandsplanung hierbei ergibt sich der zukünftige quantitative Personalbestand aus den geplanten Personalzugängen und Personalabgängen. Der künftige qualitative Personalbestand zeigt sich in den Fähigkeitsprofilen der Mitarbeiter, die deren Kenntnisse und Fertigkeiten ausweisen.

Personalbedarfsplanung hierbei liefert der quantitative Personalbedarf die Angaben über die tatsächlich zum Planungszeitpunkt benötigte Zahl der Mitarbeiter. Die qualitative Planung zeigt sich in den Anforderungsprofilen an die Mitarbeiter

Personaleinsatzplanung hierbei wird der gegebene Personalbestand quantitativ dem zu erwartenden Personalbedarf gegenübergestellt. Unter qualitativem Aspekt werden die Fähigkeitsprofile und Anforderungsprofile der Mitarbeiter zum Planungszeitpunkt miteinander verglichen.

Personalbeschaffungsplanung wird notwendig, wenn der geplante Personalbedarf größer oder qualitativ anders ist als der künftige Personalbestand

Personalfreistellungsplanung kann erforderlich werden, wenn der künftige Personalbestand größer ist als der geplante Personalbedarf.

Personalentwicklungsplanung wird notwendig, wenn die Anforderungsprofile anspruchsvoller sind als die zum Planungszeitpunkt festgestellten Fähigkeiten der Mitarbeiter

Personalentwicklung
PE into the job: Einführungsprogramme, Trainee, Praktika, berufliche Erstausbildung
PE on the job: Bildungsmaßnahmen & Weiterqualifizierung während des Jobs (direkt während der Arbeitszeit); Job rotation, job enrichment, job enlargement
PE off the job: Bildungsmaßnahmen außerhalb des Arbeitsplatzes, zeitlich getrennt vom Job Ruhestandsplanung, Outsourcing
PE near the job: Projektarbeit, Qualitätszirkel: Während der Arbeitszeit, aber nicht direkt am Arbeitsplatz
PE along the job: Beratungs-/Förderungsgespräche über den Aufstieg / Karriereplanung

Personalkostenplanung hierbei ergeben sich die Personalkosten aus dem Bestand, der Beschaffung, dem Abbau, dem Einsatz und der Entwicklung des Personals

Pflichtenheft vom Auftragnehmer erarbeitete Realisierung Vorgaben aufgrund der Umsetzung des vom Auftraggeber vorgegebenen Lastenheftes.

Planungsfunktion die Grundfunktion der Planung liegt darin, das Risiko von Fehlentscheidungen zu mindern und die Erfolgswahrscheinlichkeit, gesetzte Ziele zu erreichen, zu vergrößern.

Planungsinstrumente der Planung sind systematische Verfahren der Informationsgewinnung und -verarbeitung, die der Aufstellung, Umformung und Prüfung informativer Aussagen dienen. Sie sind Instrumente der systematischen Erkenntnisgewinnung.

Planungssystem es ist definiert als die Gesamtheit aller in einem Unternehmen oder für ein Projekt erstellten Plane sowie ihre gegenseitigen, funktionalen und zielgerichteten Beziehungen (Abhängigkeiten, Über-und Unterordnung).

Platzkostenrechnung ist eine verfeinerte und detailliertere Kostenstellenrechnung. Einzelne Fertigungskostenstellen werden weiter in Kostenplätze untergliedert. So können innerhalb der Kostenstellenrechnung bspw. für bestimmte Maschinen separat Kostensatze ermittelt werden, die sieh dann in die Auftragsabrechnung und Kalkulation einbeziehen lassen.

Preisuntergrenze, dem Vertrieb vorgegebener Betrag zur Vermeidung von Verlusten, der für ein Produkt mindestens gefordern werden muss, wenn dessen Verkauf wenigstens kostendeckend sein soll. Demgemäß bezeichnet man eine solche Mindestpreisforderung auch als kostenmäßige Preisuntergrenze.

Prioritätsregeln der Produktionssteuerung:
-FIFO-Regel (First-in – First-out): Entscheidend ist die Reihen folge des Auftragseinganges.
-Endterminregel: Priorität hat der Auftrag mit dem kürzesten Endtermin.
-externe Vorgaben: Kundenpriorität, Fixtermine, Konventionalstrafen.
-Deckungsbeitragsregel: Aufträge mit dem höchsten Deckungsbeitrag erhalten Vorrang.

Produktionsfaktoren, die Betriebswirtschaftslehre unterscheidet folgende betriebliche Produktionsfaktoren: die drei Elementarfaktoren Arbeitsleistung, Betriebsmittel (wie etwa Maschinen und sonstige Anlagen) und Werkstoffe (Roh- Hilfs- Betriebsstoffe), also die Stoffe, die mit Hilfe der beiden anderen Elementarfaktoren verarbeitet werden.

Produktivität ist eine volkswirtschaftliche Kennzahl für Leistungsfähigkeit. Sie bezeichnet das Verhältnis zwischen produzierten Gütern und den dafür benötigten Produktionsfaktoren. Produktivität ist eine Kennzahl für die technische Ergiebigkeit. Sie gibt die Relation zwischen Output und einer bestimmten Inputgröße (Input) an:
-Ausbringungsmenge / Einsatzmenge
-Output / Input = Produktivität (technische Ergiebigkeit). Faktoren die die Produktivität steigern: Leistungsfähigkeit, Leistungsbereitschaft ,äußere Arbeitsbedingungen, Entlohnung, Mitbestimmung, Eignungspotenzial der Belegschaft.

Produktionsplanung und -steuerung: kurze Durchlaufzeiten, Termineinhaltung hohe, gleichmäßige Auslastung der betrieblichen Kapazitäten, hohe Lieferbereitschaft flexible Lösungen aufgrund kundenseitiger Terminvorgaben, optimale Lagerbestände.

Projektabschluss Beendigung aller Tätigkeiten, die mit dem Projekt in Zusammenhang stehen.

Projektabwicklung Aufgabendurchführung vom Anfang bis zum Ende eines Projekts.

Projektbeobachtung fortlaufende Erfassung von ist Werten der Projektentwicklung einschließlich Berichterstattung.

Projektgegenstand durch die Aufgabenstellung gefordertes materielles oder immaterielles Ergebnis der Projektarbeit.

Projekthandbuch Zusammenstellung von Information und Regelung, die für die Planung und Durchführung eines bestimmten Projekts gelten sollen.

Projektmanagementhandbuch Zusammenstellung von Regelungen, die innerhalb einer Organisation generell für die Planung und Durchführung von Projekten gelten.

Projektmanagement ist eine abgeleitete Organisationsform, bei der die Projektmanager anspruchsvolle Projekte zu lösen versuchen. Aus der Koppelung von Organisationseinheiten und deren Informationswegen können folgende Formen des Projektmanagements unterschieden werden:- Linien-Projektmanagement- Reines Projektmanagement- Stabs-Projektmanagement- Matrix-Projektorganisation

Projektphilosophie (bezogen auf Einzelnes Projekt) Gesamtheit der Verhaltens- und Entscheidungsträgern, die dem Projektteam vorgegeben wird, oder die es sich selbst gibt.

Projektplan; Projektmanagementplan Gesamtheit aller am Projekt vorhandener Pläne

Projektplanung systematisches, zukunftbezogenes durchdenken und festlegen von Zielen, Maßnahmen, Instrumenten, Wegen zur Projektrealisierung

Projektrisiko Risiko, durch das der vorgesehene Ablauf oder Ziele des Projekts in Gefahr geraten kann

Projektrisikoanalyse Teil einer Projektanalyse, der sich allein auf das Projektrisiko bezieht.

Projektunterscheidung sachzielorientierte versus prozessorientierte Projekte, Produkt-Projekte versus Anlagen-Projekte, interne versus externe Projekte.

Glossar

Projektziel Gesamtheit von Einzelzielen, die durch das Projekt erreicht werden sollen, bezogen auf Projektgegenstand und Projektablauf.

Projektzuständigkeiten der Projektträger erteilt dem Projektauftrag beträgt letztlich die Entscheidungen, das Projektmanagement ist für die konkrete Projektdurchführung verantwortlich, die Projektdefinition wird vom Projektmanagement in enger Abstimmung mit dem Projektträger vorgenommen, Aufgaben des Projektmanagements (Planung, Organisation, Personaleinsatz, Führung, Kontrolle)

Prozesskostenkalkulation eine moderne, auf der Prozesskostenrechnung aufbauende Kalkulationsmethode, die prozessbezogene Aktivitäten berücksichtigt.

Prozesskostenrechnungsystem, welches Gemeinkosten von Vorgängen (Aktivitäten) über Prozessbezugsgrollen und Prozesskoeffizienten auf Kostenträger verrechnet.

Q

Qualität= Die Gesamtheit von Eigenschaften und Merkmalen eines Produktes oder einer Tätigkeit, die sich auf deren Eignung zur Erfüllung gegebener Erfordernisse bezieht. Inhaltsqualität: Wird vom Lektor gewährleistet. Produktqualität: Über eine genaue Beschreibung der geforderten Qualität, über ein Proof oder über den Andruck. Prozessqualität: Über eine Prozessdokumentation und die Einhaltung von Verfahrensstandards und mittels Medienkeil und über einen Erstellungsauftrag.

R

REFA-Verband für Arbeitsgestaltung, Betriebsorganisation und Unternehmensentwicklung e. V. (1924 gegründet als Reichsausschuss für Arbeitszeitermittlung) gilt als Deutschlands älteste und bedeutendste Organisation für Arbeitsgestaltung, Betriebsorganisation und Unternehmensentwicklung sowie betrieblicher Weiterbildung.

Rendite gibt das Verhältnis der Einzahlungen zu den Auszahlungen an und wird meist in Prozent und jährlich angegeben. Die bekannteste Renditekennzahl ist der Zinssatz.
-Gewinn / Eingesetztes Kapital = Rendite als Zahlenfaktor
-Gewinn / Eingesetztes Kapital x 100 = Rendite in Prozent

Risikobewertung Quantifizierung der Wahrscheinlichkeit des Eintritts und der möglichen Höhe eines Schadens.

Rohstoffe gehen unmittelbar in das zu fertigende Erzeugnis ein (Holz bei Möbelfabrik, Stahlteile bei Pkw-Fabrik).

Rüstzeit = Zeit zur Vorbereitung des Arbeitsplatzes (= der Maschine) auf die ausführenden Tätigkeiten. Hierin ist das Einrichten und Umrüsten der Arbeitsmittel und Anlagen enthalten. Sie fallen iA. unabhängig von der Auflagenhöhe an. In der Druckerei sind dies z. B. das Wechseln der Druckplatten und das Waschen des Farbwerks.

S

Selbstkosten sind die Summe aller durch den Leistungsprozess eines Betriebes entstandenen Kosten für einen Kostenträger (Produkt Erzeugnis). Was kostet mich das Produkt selber in der Herstellung.

Sekundärkosten dies ist der Sammelbegriff für die Kosten der innerbetrieblichen Leistungen, erbracht durch Hilfs- oder Nebenkostenstellen. Sie werden im Rahmen der innerbetrieblichen Leistungsverrechnung auf die Hauptkostenstellen umgelegt bzw. verrechnet.

Sistierung vom Auftraggeber formell geforderter Stillstand in der Auftrags- beziehungsweise Projektentwicklung, bei dem zunächst offenbleibt, ob der Auftrag beziehungsweise das Projekt weitergeführt wird.

Soll-Ist-Vergleich ist ein in Systemen der Plankostenrechnung fest verankertes Instrument der Kostenkontrolle. Solche Vergleiche stellen periodenbezogen den für einzelne Kostenstellen und/oder Kostenträger geplanten und hierfür als Soll vorgegebenen Kosten die Istkosten gegenüber. Die auf diese Weise aufgedeckten Kostenabweichungen werden auf ihre Ursachen zurückgeführt. Dies ermöglicht dem Controller, gezielte Maßnahmen zur Kostensenkung und damit zur Steigerung der Wirtschaftlichkeit einzuleiten.

Stellenbildung: erfolgt nach logischer Reihenfolge, Zeitbedarf, personellen Vorraussetzungen und technischen Rahmenbedingungen der Betriebsmittel. Stellen haben einen (Kosten) Stellenverantwortlichen, bilden die kleinste betriebliche Organisationseinheit, orientieren sich am Unternehmensziel.

Stellenaufgabeanalyse: Aufgabenkomplexität, Möglichkeit der Arbeitsteilung, Häufigkeit der Aufgaben, Einsatz vorhandener Ressourcen, Merkmal der Verrichtung.

Stellenbeschreibung: Sachbezogen, vom Stelleninhaber unabhängig, enthält Aufgaben, Kompetenzen, Verantwortungen.

Stückkosten, alle für die Herstellung einer Einheit eines Kostenträgers anfallenden Kosten.

Stückkostenkalkulation hier werden die Kosten pro ausgebrachter Mengeneinheit eines Produkts oder Prozesses ermittelt.

Sollkosten hierunter sind die aus der Planung für die nächste Abrechnungsperiode angesetzten Plankosten zu verstehen.

Substitutionsgut ein Ersatzgut für ein anderes Produkt. Z.B Butter und Margarine

T

Target Costing: Siehe unter **Z** wie Zielkostenrechnung.

Teilabnahme Abnahme einer Teillieferung oder Teilleistung aus dem Vertrag, die funktions- beziehungsweise objektbezogen oder aufgrund besonderer Umstände abgegrenzt wird.

Teilkostenrechnung hier handelt es sich um ein Verfahren der Kostenrechnung, bei dem nach bestimmten Kriterien aus den Gesamtkosten abgespaltene Kostenteile nicht direkt auf die Kostenträger weiterverrechnet werden. Diese abgespaltenen Kostenteile sind i.d. R. fixe Kosten bzw. solche Gemeinkosten, die den Kostenträgern nicht verursachungsgerecht zurechenbar sind. Die bekannteste Teilkostenrechnung ist die Deckungsbeitragsrechnung.

U

Umlaufvermögen Sammelbegriff für in Geldgrößen bewertete Güter, die, im Gegensatz zum Anlagevermögen, durch eine kurze Verweildauer im Unternehmen charakterisiert sind.
Zum Umlaufvermögen gehören:
-Vorräte,
-Forderungen und sonstige Vermögensgegenstände (Vermögen),
-Wertpapiere, soweit sie zur Veräußerung oder als kurzfristige Liquiditätsreserve (Liquidität) bestimmt sind,

-Schecks, Kassenbestand, Bundesbank- und Postgiroguthaben, Guthaben bei , Kreditinstituten. Zum Umlaufvermögen (oder Betriebskapital) eines Unternehmens gehören Vermögensgegenstände, die umlaufen beziehungsweise umgesetzt werden sollen, deren Bestand sich also durch Zu- und Abgänge häufig ändert. Sie befinden sich nur kurze Zeit im Unternehmen und dienen nicht, wie das Anlagevermögen, dauerhaft dem Geschäftsbetrieb.

V

Verbrauchsabweichung ist ein Begriff aus der Plankostenrechnung. Man versteht darunter die Differenz zwischen Sollkosten (bei Istbeschäftigungund) Istkosten.

Glossar

W

Werkstoffe umfassen sämtliche Roh-, Hilfs- und Betriebsstoffe, aus denen durch Umformung, Substanzänderung oder Einbau neue Fertigerzeugnisse (Halb- und Fertigfabrikate) hergestellt werden

Wirtschaftssubjekte ist in der Volkswirtschaftslehre eine handelnde wirtschaftliche Einheit, sei sie nun eine natürliche Person, eine juristische Person oder eine Personengesamtheit.

Wirtschaftlichkeit ist ein allgemeines Maß für die Effizienz. Sie wird allgemein als das Verhältnis zwischen erreichtem Ergebnis (Ertrag) und dafür benötigten Mitteleinsatz (Aufwand) definiert. Ertrag / Aufwand = Wirtschaftlichkeit. Wirtschaftlichkeitsprinzip (Ökonomisches Prinzip). Die beiden Varianten des Wirtschaftlichkeitsprinzip sind das Maximal = mit vorhandenen Mitteln das Mögliche Maximum an Gütern erzeugen und Minimalprinzip = ein bestimmtes Gut mit einem Minimum an Kosten herstellen.

X,Y

XY-Theorie von McGregor basiert auf unterschiedlichen Menschenbildern. Die X Theorie sieht den Menschen negativ (Autoritärer Führungsstil), die Y Theorie dagegen positiv (Kooperativer Führungsstil).

Z

Zeitgrad ist das Verhältnis von vorgegebener Sollzeit zu erzielter Ist-Zeit. Er hat seine besondere Bedeutung im Akkordlohn.

Zeitwirtschaft bestehen aus: Fertigungsanforderungen (Arbeitsauftrag), Arbeitsablaufstudien (Ablaufarten) und Zeitermittlung (Zeitarten).

Zuschlagskalkulation ist ein nach den Prinzipien der Vollkostenrechnung vorgehendes Kalkulationsverfahren. Hierbei werden alle Gemeinkosten einer Periode in Verhältnis zu einer Bezugsgröße, meist Einzelkosten, gesetzt. So lässt sich ein prozentualer Zuschlagssatz ermitteln, mit dem die Gemeinkosten den Einzelkosten zugeordnet werden können. In der Druckindustrie wird das Verfahren vor allem zur Verteilung der Materialgemeinkosten auf das Einzelkostenmaterial angewendet.

Zielkostenrechnung ist ein Kostenmanagementsystem, welches das Marketing mit der Kostenrechnung verbindet. Es wird auch als **Target Costing** bezeichnet. Mit ihm wird zunächst der realisierbare Verkaufspreis eines Produktes ermittelt und dann wird versucht, das Produktkonzept wettbewerbsfähig zu verwirklichen. Ausgangspunkt ist die Bestimmung erzielbarer Marktpreise.

Teil 2: Medien

Maßeinheiten

Scanauflage	ppi (pixel per inch)
Rasterweite	lpi (lines per inch)
	L/cm (Linien pro Zentimeter
Ausgabegerätauflösung	dpi (dots per inch)
	rpi (rel per inch)
Bildauflösung	ppi (pixel per inch)

mm : 2,54 = inch

inch * ppi = pixel

Seitenverhältnisse

DIN-A-Formate	$1 : \sqrt{2}$
Kleinbilddia	3:2
Monitor	1,33:1 = 4:3
Fernseher	4:3, 16:9
goldener Schnitt	5:8:13

Vergrößerung / Verkleinerung (linear)

Verhältnisgleichung:

Vorlage		Reproduktion
Breite : Höhe	=	Breite : Höhe

Maßstabsbezeichnungen

$$m\ (\text{Maßstab}) = \frac{B\ (\text{Bild-/ bzw. Reproduktionsgröße})}{G\ (\text{Gegenstands- bzw. Vorlagengröße})}$$

Umrechnung auf Prozentwerte:

$$m = \frac{B}{G} \cdot 100\ \%$$

Bildberechnungen

Bildgröße

$$Bildgr\ddot{o}\beta e[\mathrm{Byte}]=\frac{Breite[\mathrm{Pixel}]*H\ddot{o}he[\mathrm{Pixel}]*Farbtiefe[\mathrm{Bit}]}{8}$$

$$Bildgr\ddot{o}\beta e[\mathrm{Byte}]=\frac{(Aufl\ddot{o}sung[\mathrm{ppi}])^2\,Breite[\mathrm{inch}]*H\ddot{o}he[\mathrm{inch}]*Farbtiefe[\mathrm{Bit}]}{8}$$

$$Bildgr\ddot{o}\beta e[\mathrm{Byte}]=\frac{(Aufl\ddot{o}sung[\mathrm{ppi}]/2{,}54)^2\,Breite[\mathrm{cm}]*H\ddot{o}he[\mathrm{cm}]*Farbtiefe[\mathrm{Bit}]}{8}$$

Monitorauflösungen

Auflösung	***Bezeichnung***
640 × 480 px	VGA (Video Graphic Array)
800 × 600 px	SVGA (Super VGA)
1024 × 768 px	XGA (Extended Graphics Adapted)
1280 × 1024 px	SXGA (Super XGA)
1600 × 1200 px	

Ein flimmerfreier Monitor sollte min. 70 kHz Vertikalfrequenz besitzen

$$Vertikalfrequenz=\frac{Horizontalfrequenz}{Zeilenanzahl}$$

- das Gewicht ist auf halbe oder ganze Kilo zu runden (je nach Aufgebenstellung)
- Seitenanzahl ≠ Blattanzahl

Papiervolumen

Papiervolumen: $\frac{\text{Papierdicke in mm x 1000}}{\text{Gewicht in g/m}^2}$

Papierdicke

Papierdicke in mm: $\frac{\text{Papiervolumen x Gewicht in g/m}^2}{1000}$

Papiergewicht

Gewicht in g/m²: $\frac{\text{Papierdicke in mm x 1000}}{\text{Papiervolumen}}$

Nutzen

Man bildet die Differenz zw. Druckbogen- und Endformat, diese Zahl bildet den Exponenten der Basiszahl 2.

DIN-Reihe $Nutzen = 2^{Endformat\,[\mathrm{DIN}] - Druckbogenformat\,[\mathrm{DIN}]}$

für DIN-Formate (Beispiel):

Druckbogenformat DIN A 0 , Endformat DIN A 5: DIN A 0

DIN A 5

$2^5 = 2 \cdot 2 \cdot 2 \cdot 2 \cdot 2 = 32$ Nutzen

wenn ein Format nicht der DIN - Reihe entspricht (Beispiel):

Druckbogenformat 70 x 100 , Endformat DIN A 5:

70,0 cm x 100,0 cm	70,0 cm x 100,0 cm
14,8 cm x 21,0 cm	21,0 cm x 14,8 cm
4 x 4 = 16 Nutzen	3 x 6 = 18 Nutzen

Achtung! *Bei der Nutzenwahl - falls erforderlich - auf die Falzbarkeit achten!!!*
Beachten Sie, ob Vorder- und Rückseite bedruckt werden!!!

Belichter- und Scanauflösung

Allgemeine Angaben:

- Auflösungsfeinheit von Scannern und Belichtern: Angabe in dpi oder ppi
- Auflösung von Bildern: Angabe in ppi oder ppcm
- Rasterweite: Angabe in L/cm oder lpi
- Qualitätsfaktor: wenn nicht anders vorgegeben, so wird als Standard ein Faktor von $\sqrt{2}$ berücksichtigt

Errechnung von Skalierungsfaktor SF:

$$\text{Skalierungsfaktor SF} = \frac{\text{Reproduktionsgröße (Seite)}}{\text{Vorlagengröße (Seite)}}$$

$$\text{oder:} \quad \frac{\text{Abbildungsmaßstab [\%]}}{100\%}$$

Skalierungsfaktor

$$x = \frac{Reproduktionsgröße}{Vorlagengröße}$$

oder

$$x = \frac{Abbildungsmaßstab[\%]}{100\%}$$

Scan einer Strichvorlage

$$x = Auflösungsfeinheit\ des\ Ausgabegerätes\ \text{(bis 1200 dpi)} * Skalierungsfaktor$$

Scan einer Halbtonvorlage

$$x = Rasterweite\,[\text{lpi}] * Qualitätsfaktor * Skalierungsfaktor$$

Belichtungsauflösung

Allgemein gillt:

$$Belichterauflösung = \sqrt{Anzahl\ der\ Tonwertstufen - 1} * Rasterweite\,[\text{lpi}]$$

Bei Rasterweite = Scanauflösung:

$$Belichterauflösung = \frac{\sqrt{Anzahl\ der\ Tonwertstufen - 1} * Scanauflösung\,[\text{dpi}]}{Qualitätsfaktor * Skalierungsfaktor}$$

Rasterzellen

$$Breite\ der\ Rasterzelle = \frac{Belichterauflösung\,[\text{dpi}]}{Rasterweite\,[\text{lpi}]}$$

$$Rasterweite = \frac{Belichterauflösung\,[\text{dpi}]}{Rasterzellenbreite}$$

$$Spotgröße = \frac{25{,}4\ mm * \sqrt{2}}{Belichterauflösung\,[\text{dpi}]}$$

Bestimmung der Tonwertstufenanzahl

Allgemeine Formel zur Bestimmung der Tonwertstufenanzahl

$$\text{Anzahl der Tonwertstufen} = \left\{ \frac{\text{Belichterauflösung [dpi]}}{\text{Rasterweite [lpi]}} \right\}^2 + 1$$

Rasterzellen

$$\text{Breite der Rasterzelle} = \frac{\text{Belichterauflösung [dpi]}}{\text{Rasterweite [lpi]}}$$

$$\text{Rasterweite} = \frac{\text{Belichterauflösung [dpi]}}{\text{Rasterzellenbreite}}$$

Spot

$$\text{Spotgröße} = \frac{25{,}4\ \text{mm} \cdot \sqrt{2}}{\text{Belichterauflösung [dpi]}}$$

Tonwertzuwachs im Offsetdruck

Raster	glänzend gestrichenes Papier		matt gestrichenes Papier		nicht gestrichene (Natur-) Papiere		Toleranz
	CMY	**K**	**CMY**	**K**	**CMY**	**K**	
40%	12,5	14,5	12,5	14,5	19,0	22,0	± 4%
50%	13,0	15,0	13,0	15,0	20,0	23,0	± 4%
70%	12,0	13,0	12,0	13,0	16,5	18,5	± 3%
80%	9,0	10,5	9,0	10,5	12,5	14,0	± 3%

Rastertonwertberechnung

$$\text{Rastertonwert}_{\text{Film}} = \left\{1 - \frac{1}{10^{D_{\text{Raster Film}}}}\right\} \cdot 100\%$$

$$\text{Rastertonwert}_{\text{Druck}} = \frac{1 - \text{Remissionswert}_{\text{Rasterton}}}{1 - \text{Remmissionswert}_{\text{Vollton}}}$$

$$\text{Rastertonwert}_{\text{Druck}} = \frac{1 - 10^{-D_{\text{Raster}}}}{1 - 10^{-D_{\text{Vollton}}}}$$

Wird dieser Rastertonwert in Prozent angegeben:

$$\text{Rastertonwert}_{\text{Druck}} = \left\{\frac{1 - 10^{-D_{\text{Raster}}}}{1 - 10^{-D_{\text{Vollton}}}}\right\} \cdot 100\%$$

Tonwertzunahme

$$\text{Tonwertzunahme}_{\text{Belichtung}} = \text{Rastertonwert}_{\text{Film}} - \text{Rastertonwert}_{\text{Messstreifen}}$$

$$\text{Tonwertzunahme}_{\text{Druck}} = \text{Rastertonwert}_{\text{Druck}} - \text{Rastertonwert}_{\text{Film}}$$

Farbabstand

L = Helligkeit

a = a+ (rot), a- (grün)

b = b+ (blau), b- (gelb)

$$\Delta E = \sqrt{\Delta a^2 + \Delta b^2 + \Delta L^2}$$

Fogra-Tabelle

ΔE	***Farbdifferenz***
1	Unsicher erkennbar
2	Gerade erkennbar
4	Kleine Differenz
8	Noch tragbar
16	Große Differenz

Die auffallende Strahlungsintensität entspricht immer 100%.

Transmission (Lichtdurchlässigkeit)

$$\text{Transmission } T = \frac{I_d}{I_a} = \frac{\text{durchgelassene Strahlungsintensität}}{\text{auffallende Strahlungsintensität}}$$

- alles Licht kann die Meßstelle passieren: T = 1
- alles Licht wird remittiert: T = 0

Opazität (Lichtundurchlässigkeit)

$$\text{Opazität } O = \frac{I_a}{I_d} = \frac{\text{auffallende Strahlungsintensität}}{\text{durchgelassene Strahlungsintensität}}$$

- alles Licht kann die Meßstelle passieren: O = 1
- alles Licht wird remittiert: O strebt gegen × (unendlich)

Dichte / Schwärzung

$$\text{Dichte}_{\text{Film}} = \lg O = \lg \frac{1}{T} = \frac{I_a}{I_d}$$

Relativer Druckkontrast (K)

$$K = \frac{D_V - D_R}{D_V} \cdot 100\%$$

Messfeldgröße bei integraler Dichtemessung (d)

Achtung: Beispielrechnung für Rasterweite = 60 l/cm, 50 Rasterpunkte sollen gemessen werden

60 l/cm : 10 = 6 l/mm

6^2 l/mm^2 = 36 l/mm^2

$$\frac{\text{Anzahl der zu messenden Rasterpunkte}}{\text{Anzahl der Punkte je mm}^2}$$

50 : 36 l/mm^2 = 1,389 mm^2 (Messfläche A)

$$r = \sqrt{\frac{1{,}389\ \text{mm}^2}{\pi}} = 0{,}66\ \text{mm}$$

d = 0,66 mm · 2 = 1,33 mm

Allgemeine Formel:

$$r = \sqrt{\frac{A}{\pi}}$$

$d = 2 \cdot r$

Technischer Vergleich der Druckverfahren

	Bogenoffset	Rollenoffset	Flexodruck	Tiefdruck	Siebdruck	digtale Verfahren
Formherstellungskosten je Druckfarbe	unter 50 €	unter 100 €	100 € bis 300 €	über 1000 €	unter 100 €	je nach Verfahren
Chemische Grundlage der Druckfarben	auf Ölbasis	auf Ölbasis	Alkohol-, Wasserbasiert, UV-Farben	Im Illustrationsdruck ausschließlich Toluol	je nach Anwendung	je nach Verfahren
Mögliche Bedruckstoffe	Papier, Kunststoff, Folien, Blech	Papier	Papier, Kunststoff, Blech	Papier, Kunststoff (Verpackungen)	alles, was flach oder zylindrisch ist	fast alles möglich
Farbschichtdicke	sehr dünn	sehr dünn	mittel	mittel	alles möglich	möglichst dünn
Wetterbeständigkeit	mind. 1 Jahr	mind. 1 Jahr	sehr hoch	mind. 1 Jahr	sehr hoch	sehr hoch
Trockung	oxidativ, wegschlagend	oxidativ, wegschlagend	oxidativ, (ggf. wegschlagend)	sehr aufwändig, weil nach jeder Druckfarbe erforderlich (Verdunstung)	oxidativ	sofort trocknend
Sinnvolle Auflagenhöhe	< 50.000	50.000 – 1 Mio.	> 1.000	> 100.000	1	1 – 500
Typische Produkte	Folder, Flyer, Plakate, Broschüren, …	Zeitungen. Zeitschriften, Wurfsendungen	Kunststoffverpackungen, Displays, Kartonagen	Zeitschriften, Verpackungen	Textilien, Aufkleber, 3-dimensionale Produkte	Bürobedarf, Flyer, Banner, Aufkleberfolien

Kontraste	
Simultankontrast	Farbe wird immer relativ zur Umgebung wahrgenommen. Gleiche Farben oder Grauwerte können auf unterschiedlichen Umgebungsfarben veränderterscheinen. Dabei kann es zu Verschiebungen der Farbwerte, zu Bunt- Unbunt Verschiebungen sowie zu Helligkeitsverschiebungen kommen. Helle Farben auf gesättigten Hintergrundflächen haben den stärkstenSimultaneffekt.
Komplementärkontrast	Im Farbkreis gegenüberliegende Farben steigern sich gegenseitig in ihrer Farbintensität. Durch ihre Gleichwertigkeit (stärkster Farbkontrast) können sie stabil wirken, aber auch unruhig vibrieren. Stehen zwei hochgesättigte Komlementärfarben in gleicher Helligkeit nebeneinander (Magenta und Grün), kommt es zum Flimmereffekt.
Farbe an sich Kontrast Buntkontrast	Durch die Kombination unterschiedlicher Farben mit gleicher Sättigung wird eine lebendige Farbwirkung ohne Aufdinglichkeit erzielt. Geringere Sättigung führt zu ruhigen Farbharmonien. Ein schwarzer oder weißer Hintergrund kann die Farbwirkung steigern (Bunt-Unbunt Kontrast).
Bunt-Unbunt Kontrast	Die Farbwirkung und Leuchtkraft von Farben kann durch die Kombination mit den unbunten Farben Weiß und Schwarz gesteigert werden. Diese Gesetzmäßigkeit wird nur in der Kombination mit mittlerem Grau minimiert; hier schluckt das Grau die Farbe!
Hell-Dunkel Kontrast	Dieser optische Primärkontrast (erste Codierungstufe der Wahrnehmung) trägt wesentlich zur Spannung und räumlichen Wirkung bei. Bei der Farbwahl ist die Eigenhelligkeit der Farben zu berücksichtigen. Den stärksten Helligkeitskontrast gibt es zwischen Weiß und Schwarz, bei den Buntfarben zwischen Violettblau und Gelb.

Kontraste	
Kalt-Warm Kontrast	Die Unterscheidung in kalte und warme Farben beruht auf allgemein akzeptiertem subjektivem Farbempfinden. Warme Farben: Rot, Orange, Gelb, Gelbgrün Kalte Farben: Cyan (Türkis), Blau, Violett Neutrale Farben: Grün, Magenta, Weiß, Schwarz, Grau Über die emotionale „Temperatur" Empfindung hinaus, kann dieser Kontrast zur Steigerung von Tiefenwirkungen eingesetzt werden. Warme Farbtöne simulieren Nähe, kalte entsprechend Ferne.
Qualitäts Kontrast	Die Kombination einer Farbe in unterschiedlichen Sättigungsstufen schafft eine hohe Bandbreite an Modulationsmöglichkeiten. Ton in Ton Variationen stehen visuell für ein harmonisches, in sich geschlossenes Farbkonzept. Zu einem ähnlichen Ergebnis führt die Verwendung von Tonwertabstufungen. Hierbei kann zusätzlich der Eindruck von Plastizität und räumlicher Tiefe verstärkt werden.
Quantitäts Kontrast	Dieser Kontrast bezieht sich auf die Flächenverteilung von Farben. Bei der Zusammenstellung von gleichgroßen Farbflächen treten einige Farben durch ihre Eigenhelligkeit/Leuchtkraft stärker in den Vordergrund als andere. Visuelle Ausgewogenheit ist dann gegeben, wenn Farben mit hoher Leuchtkraft einer entsprechend kleineren Fläche zugeordnet werden. In der Gestaltungskonzeption wird dieser Kontrast eher zur Erzeugung spannungsvoller Farbakzente eingesetzt.

Gestaltungsgesetze	
GESETZ DER NÄHE	Man kann Elemente leichter als eine ganze Form interpretieren oder zusammengehörig gruppiert- wahrnehmen, wenn diese dicht beieinander liegen. Anwendung findet das Prinzip der Nähe vorrangig im Textsatz. Die Abstände zwischen Zeilen einesAbsatzes zum nächsten, bzw. zur Headline übernehmen eine trennende und damit gliedernde- Funktion.
GESETZ DER PRÄGNANZ (GESETZ DER GUTEN GESTALT)	Unser Wahrnehmungssystem hat die Tendenz, unter verschiedenen Gestaltungsformen die einfacheren- zu bevorzugen, d.h. als prägnanter zu erkennen. Die Wahrnehmung konzentriert sich auf charakteristische Formen und Merkmale, die die Identifikation so einfach wie möglich machen und so wenig Details wie möglich berücksichtigen. Gute Gestaltung berücksichtigt die Wahrnehmung von Einfachheit, Symmetrie, Regelmäßigkeit und Kontinuität.
GESETZ DER GESCHLOSSENHEIT 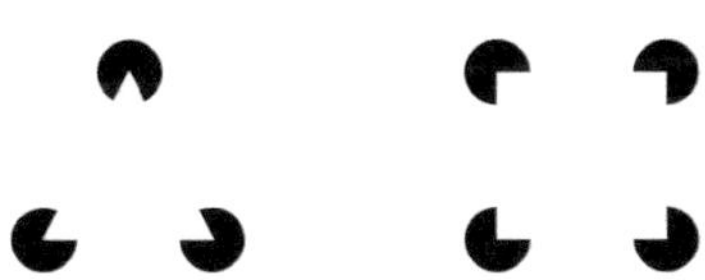	Das Gesetz der Geschlossenheit verweist auf die Tendenz, in geometrischen Gebilden diejenigen- Strukturen als Figur wahrzunehmen, die eher geschlossen als offen wirken. Diese Geschlossenheit kann durch tatsächlich vorhandene Linienzüge, aber auch nur durch die Vorstellung von subjektiven bzw. rein kognitiv vorhandenen Konturen, so genannten Scheinkonturen, bewirkt werden.
GESETZ DER EINFACHHEIT 	Das Gesetz der Einfachheit folgt dem menschlichen Wahrnehmungsmechanismus, visuelle Eindrücke zu vereinfachen und zwar in das, was der Betrachter unbewusst verstehen kann. Dieser Mechanismus- funktioniert gut, wenn die grafische Botschaft einfach gehalten wird. Komplexe und überladene- Gestaltung von Inhalten wirkt behindernd.

Gestaltungsgesetze	
GESETZ DER ÄHNLICHKEIT/SYMMETRIE	Um Informationen zu verarbeiten wird nach Zusammenhängen gesucht, die ein Muster oder Schema ergeben. Dabei werden nicht nur formale Bezüge geschaffen, sondern unter Umständen inhaltliche und sachliche Aussagen gedeutet. Einander ähnliche Elemente werden als zusammen gehörige Einheit erfasst. Besonders stark wirkt die Ähnlichkeit von Farbe. Führt man ein bestimmtes wiedererkennbares, zusammenhaltendes Schema durch bewusste Gestaltung ein, so hat es der Empfänger leichter, die Botschaft zu erkennen. Bezogen auf die Produktion eines Corporate Design (Print u. Nonprint), gibt ein sogenannter Style-Guide diese Muster vor.
GESETZ DER INNENSEITE	Die Innenseiten von Kurven und Winkeln werden unter sonst gleichen Bedingungen bevorzugt als Figur gesehen.
GESETZ DER DURCHGEHENDEN LINIE (GESETZ DER GUTEN FORTSETZUNG 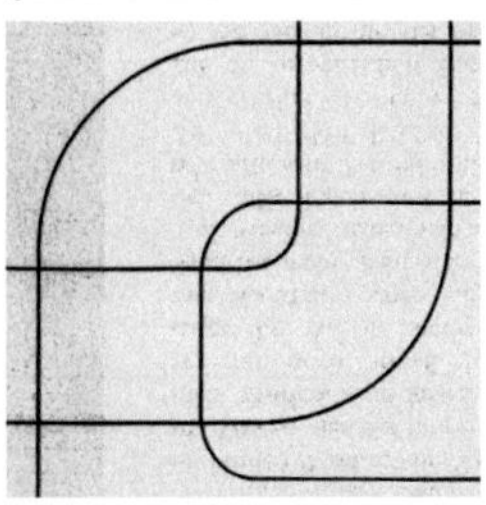	Elemente, welche sich auf einer durchgehenden Linie oder Kurve befinden, werden als Einheit wahrgenommen oder als zusammengehörig aufgefasst. Bei Überschneidungen von Formen werden eher die Teile als Einheit erkannt, die aufgrund von durchgehenden Linien gewohnte-Formen bilden. Diese Gesetzmäßigkeit können sich Gestalter bei der Differenzierung von übereinander-liegenden, transparenten Objekten und der entsprechenden Interpretation als Ganzheiten zu Nutze machen.
GESETZ DES SCHWERPUNKTES	Ein abweichendes Element in einer Gruppe sonst gleicher Figuren hat zu diesen nicht die gleiche Beziehung wie die Einzelfiguren zum Grund. Die abweichende Form wird zum optischen Schwer-punkt.
GESETZ DES RICHTUNGSIMPULSES (KONTINUITÄT) 	Ein eindeutig gerichtetes Objekt fordert dazu auf, seine Richtung zu verfolgen. Der Richtungsimpuls sorgt für Dynamik, auch grenzüberschreitend. Einen Weg optisch fortzusetzen, ist die instinktive Reaktion des Auges, wenn es einen Richtungsimpuls erhält.

Gestaltungsgesetze	
GESETZ DER ERFAHRUNG	Fehlende Teile bestimmter Figuren werden aufgrund unserer Erfahrung ergänzt, bzw. automatisch und unterbewusst korrigiert. Bekanntes wird weniger intensiv beachtet, da bereits ein kurzer Blick ausreicht, um das Gesamtbild zu erfassen und mit dem in der Erinnerung gespeicherten zu assoziieren.
GESETZ DER GRÖSSENKONSTANZ	Vertraute Gegenstände verändern ihre „vorgestellte" Größe für den Betrachter nicht, egal aus welcher perspektivischen Entfernung sie gesehen werden. Die Wahrnehmung läßt sich nicht täuschen. Unser Wahrnehmungssystem „objektiviert" die Visualisierung aufgrund der Erfahrung.
GESETZ DES GEMEINSAMEN SCHICKSALS	Figuren, mit gleicher räumlicher Ausdehnung, werden als eine Gruppe erkannt, da sie ein „gemeinsames Schicksal" teilen. Auf diese Weise verhindert das Wahrnehmungssystem, dass Elemente (Punktmuster, Linien, Objekte), die nach dem Gesetz der Ähnlichkeit und der Nähe zusammengehören müssten, gruppiert werden, wenn sie sich in andere Richtungen bewegen würden.

Typografie – Einheiten

Einheit		genau	Rechenwert
p oder ˙	Didot-Punkt	0,37597 mm	0,375 mm
cic	Cicero	12 p	4,5 mm
pt	DTP-Punkt,	$\frac{1}{72}$ "	
	PostScript-Point	0,35277 mm	0,353 mm
i oder "	Inch, Zoll	2,53998 cm	2,54 cm
P/cm	Pixel pro cm	0,3937007 dpi	0,4 dpi
dpi od. ppi	dots/pixel per inch		2,54 p/cm
L/cm	Linien pro cm	0,3937007 lpi	0,4 lpi
lpi	lines per inch		2,54 L/cm

Millimeter

1 mm = 0.03937008 inch
1 mm = 0.2362205 pica
1 mm = 0.1 cm

Zentimeter

1 cm = 10 mm
1 cm = 0.3937008 inch
1 cm = 2.362205 pica
1 cm = 28.34646 point

Zoll

1 inch = 25.4 mm
1 inch = 2.54 cm
1 inch = 6 pica
1 inch = 72 point

Punkt / Didot-Punkt (dd)

1 Punkt = 0,376 mm

Pica

1 pica = 4.233333 mm
1 pica = 0.4233333 cm
1 pica = 0.1666667 inch
1 pica = 12 point

Point (pt) / Pica-Punkt (pp)

1 point = 0.3527778 mm
1 point = 0.03527778 cm
1 point = 0.01388889 inch = 1/72 inch
1 point = 0.08333333 pica

Cicero (cc)

1 Cicero = 12 Didot-Punkt (dd)

Gelb	hell,sonnig, Licht, Sommer, Wärme, Neid, Geiz, sauer
Gold	wertvoll, eingebildet, Reichtum, Luxus, Ruhm
Orange	Aroma, Erfrischung, Vitamine, Vergnügen, Wärme, Energie, im Buddismus Vollkommenheit
Rosa	Zärtlichkeit, Romantik, Charme, Harmonie, Naivität, Kindlichkeit
Rot	Wärme, Glück, Freude, Energie, Erotik, Sexualität, Blut, Hektik, Gefahr, Verbote, Krieg
Purpur	erhaben, mächtig, würdevoll, pompös
Violett	extravagant, unkonventionell, modisch, fromm, Macht, Glaube, Magie
Blau	kalt, klar, seriös, treu, zuverlässig, männlich, modern, Vertrauen, wissenschaftlich
Türkis	unpersönlich, kalt, hygienisch
Grün	Vegetation, Frühling, Leben, Hoffnung, Frische Erholung, Toleranz, Gift, Farbe des Islam
Braun	bodenständig, natürlich, behaglich
Weiß	sauber, hell, neutral, unschuldig, Hochzeit, sachlich, kalt, nüchtern
Grau	abweisend, unsicher, kalt, gleichgültig, neutral, sachlich
Schwarz	edel, mächtig, sachlich, nüchtern, seriös, Tod, Trauer

DIN-Formate

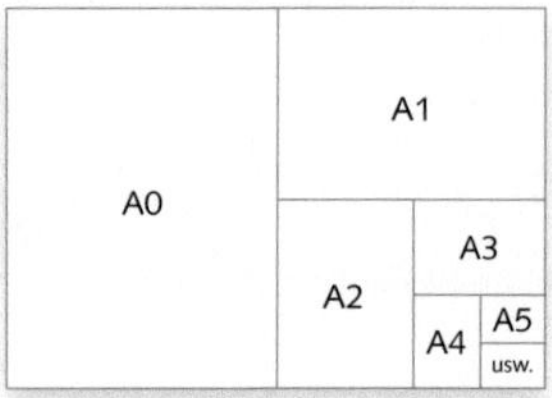

Reihe DIN A				Reihe DIN B				Reihe DIN C			
A0	841	x	1.189 mm	B0	1.000	x	1.414 mm	C0	917	x	1297 mm
A1	594	x	841 mm	B1	707	x	1.000 mm	C1	648	x	917 mm
A2	420	x	594 mm	B2	500	x	707 mm	C2	458	x	648 mm
A3	297	x	420 mm	B3	353	x	500 mm	C3	324	x	458 mm
A4	210	x	297 mm	B4	250	x	353 mm	C4	229	x	324 mm
A5	148	x	210 mm	B5	176	x	250 mm	C5	162	x	229 mm
A6	105	x	148 mm	B6	125	x	176 mm	C6	114	x	162 mm
A7	74	x	105 mm	B7	88	x	125 mm	C7	81	x	114 mm
A8	52	x	74 mm	B8	62	x	88 mm	C8	57	x	81 mm
A9	37	x	52 mm	B9	44	x	62 mm	C9	40	x	57 mm
A10	26	x	37 mm	B10	31	x	44 mm	C10	28	x	40 mm

Plakatformate

	Teile	Größe		
18/1	(4)	3.560 mm	x	2.520 mm
8/1	(2)	1.680 mm	x	2.380 mm
6/1	(3)	1.190 mm	x	2.520 mm
4/1	(2)	1.190 mm	x	1.680 mm
4/1	(2)	840 mm	x	2.380 mm
City	(1)	1.200 mm	x	1.760 mm

Die wichtigsten Zeitungsformate in Deutschland (geschlossen)	
Rheinisches Format	365mm x 510mm
Halbes Rheinisches Format	255mm x 365mm
Berliner Format	315mm x 470mm
Norddeutsches Format	400mm x 570mm

Papierklassen

Druckbedingung Papiertyp (PT), Tonwertsumme (TWS)	**Profilbeschreibung**	**Profildateiname**	**Charakterisierungsdaten**
Offset PT 1/2, TWS 330 %	ISO Coated v2 (ECI)	ISOcoated_v2_eci.icc	FOGRA39
Offset PT 1/2, TWS 300 %	ISO Coated v2 300 (ECI)	ISOcoated_v2_300_eci.icc	FOGRA39
Offset PT 3, TWS 300 %	ISO Web Coated	ISOwebcoated.icc	FOGRA28L
Offset PT 4, TWS 320 %	PSO Uncoated	PSOuncoated.icc	FOGRA47L
Offset PT 5, TWS 320 %	ISO Uncoated Yellowish	ISOuncoatedyellowish.icc	FOGRA30L
Endlos PT 2, TWS 350 %	ISO Continuous Forms Coated	ISOcofcoated.icc	FOGRA31L
Endlos PT 4, TWS 320 %	ISO Continuous Forms Uncoated	ISOcofuncoated.icc	FOGRA32L
Offset Super Calandered Paper, TWS 270 %	SC Paper (ECI)	SC_paper_eci.icc	FOGRA40
Offset Machine Finished Coated Paper, TWS 280 %	PSO MFC Paper (ECI)	PSO_MFC_paper_eci.icc	FOGRA41
Offset Standard Newsprint Paper (Heat-set), TWS 260 %	PSO SNP Paper (ECI)	PSO_SNP_paper_eci.icc	FOGRA42
Offset PT 1/2 (non-periodic screen), TWS 330 %	PSO Coated NPscreen ISO 12647 (ECI)	PSO_Coated_NPscreen_ISO12647_eci.icc	FOGRA43
Offset PT 1/2 (non-periodic screen), TWS 300 %	PSO Coated 300 NPscreen ISO 12647 (ECI)	PSO_Coated_300_NPscreen_ISO12647_eci.icc	FOGRA43
Offset PT 4 (non-periodic screen), TWS 300 %	PSO Uncoated NPscreen ISO 12647 (ECI)	PSO_Uncoated_NPscreen_ISO12647_eci.icc	FOGRA44

Papiervolumen und Papierdicke in mm			
Gewicht in g/m²	**1 faches Volumen**	**1,5 faches Volumen**	**2 faches Volumen**
45	0,045	0,0675	0,090
60	0,060,	0,090	0,120
70	0,070	0,105	0,140
80	0,080	0,120	0,160
90	0,090	0,135	0,180
100	0,100	0,150	0,200
120	0,120	0,180	0,240

Papierklassen nach ISO 12647-2	
Papierklasse 1	115g/qm² glänzend gestrichen Bilderdruck
Papierklasse 2	115g/qm, matt gestrichen Bilderdruck
Papierklasse 3	70g/qm, glänzend gestrichen LWC Rollenoffset
Papierklasse 4	115g/qm, ungestrichen weiß Offset
Papierklasse 5	115g/qm, ungestrichen gelblich Offset

Gliederung nach Papiergewicht	
Dünndruckpapiere	bis ca. 50 g/qm
Papiere	bis ca. 140 g/qm
Kartons	ab ca. 150 g/m bis 600 g/qm
Pappen	ab 600 g/qm

Standardeinkaufsformate

70 x 100	50 x 70	Standard Karton
65 x 92	46 x 65	21,5 x 30,5
63 x 88	44 x 63	
61 x 86	43 x 61	

70 X 100 = 0,7m²

2 Nutzen DIN **A 2**

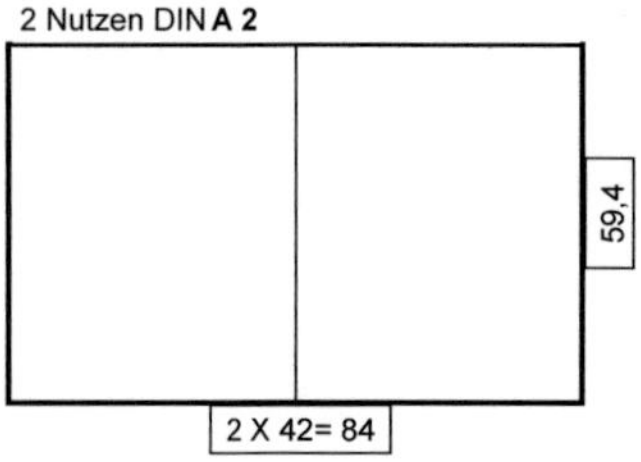

3 Nutzen im Einzelnutzen 63x297

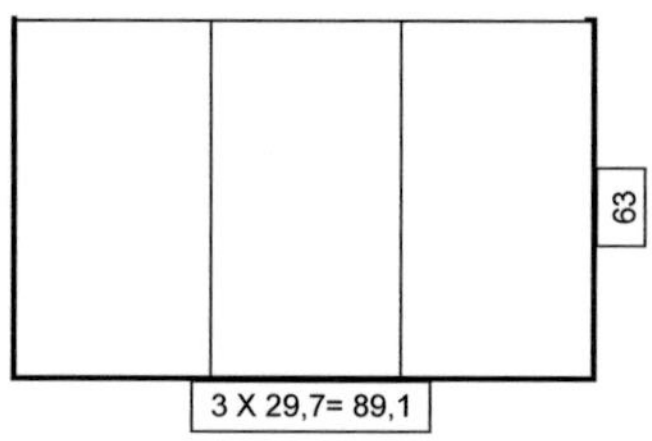

4 Nutzen DIN **A 3** Querformat =
8 Seiten mit 2 Kreuzbrücher

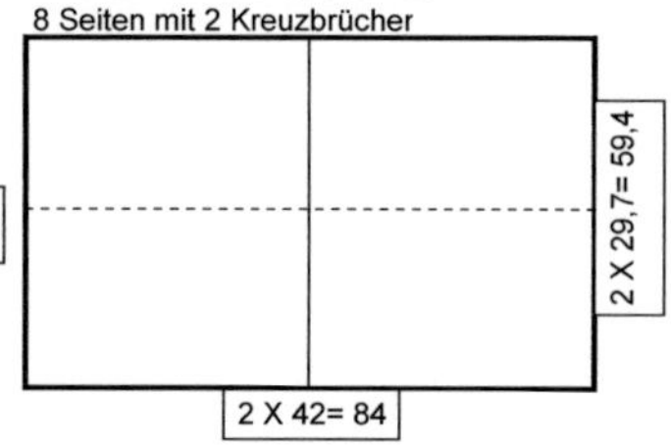

8 Nutzen DIN **A 4** Hochformat =
16 Seiten mit 3 Kreuzbrüchen

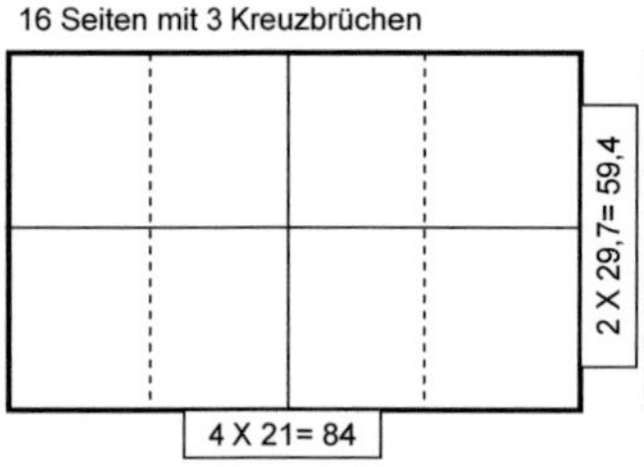

9 Nutzen DIN **A 4** Querformat im
Einzelnutzen oder 3 Nutzen mit
Paralellelfal:

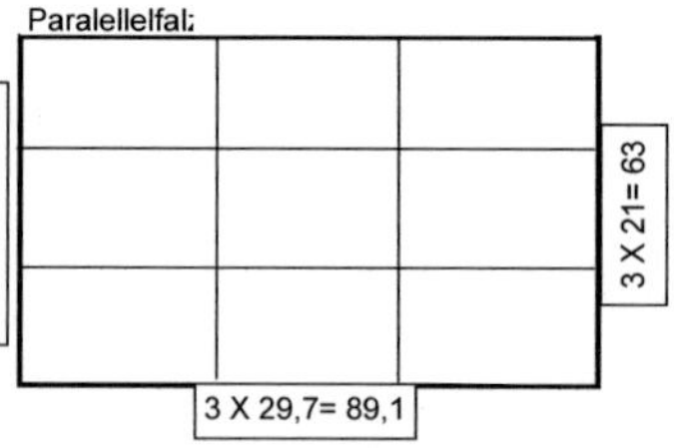

18 Nutzen **A 5** im Hochformat im
Einzelnutzen oder 6 Nutzen mit
Paralellfalz

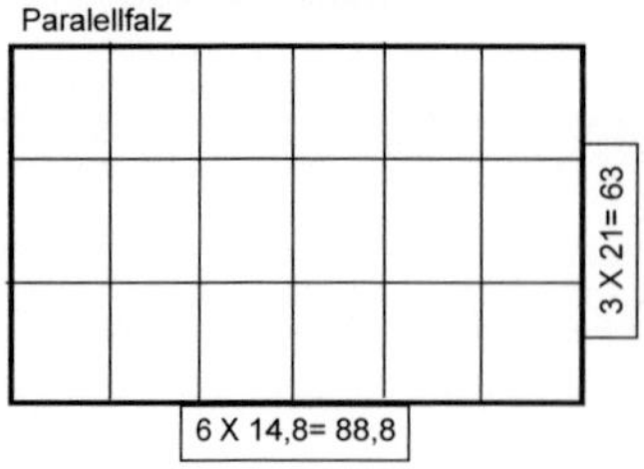

16 Nutzen **A 5** im Querformat =
32 Seiten mit 4 Kreuzbrüchen

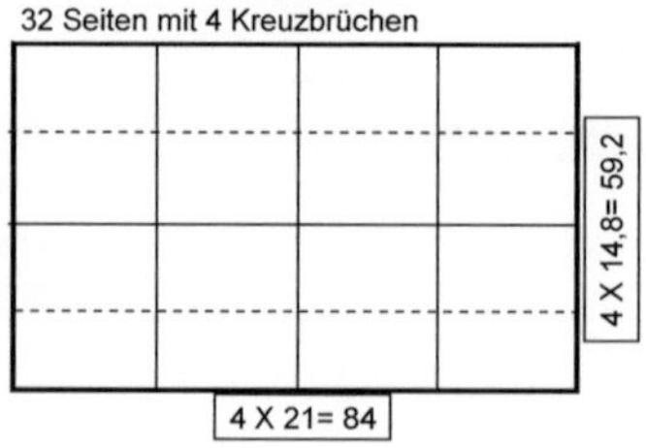

50 X 70 = 0,35m^2

4 Nutzen DIN **A 4** Querformat =
8 Seiten mit 2 Kreuzbrüchen

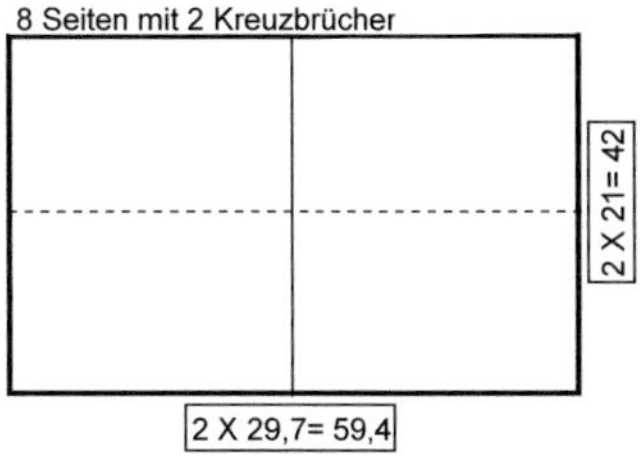

8 Nutzen DIN **A 5** Hochformat =
16 Seiten mit 3 Kreuzbrüchen

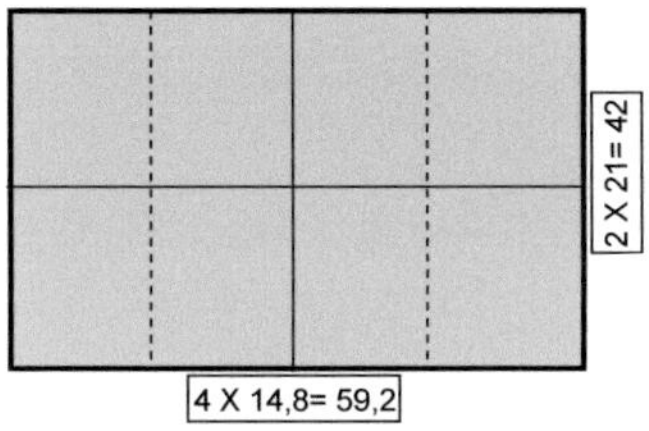

9 Nutzen DIN **A 5** Querformat im Einzelnutzen oder 3 Nutzen mit Paralellelfalz

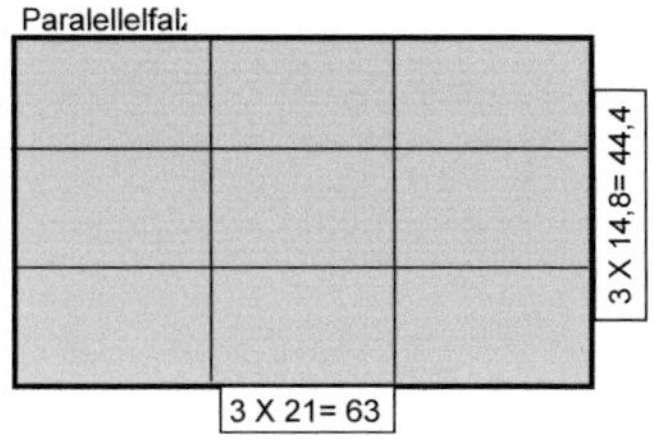

16 Nutzen **A 6** im Querformat =
32 Seiten mit 4 Kreuzbrüchen

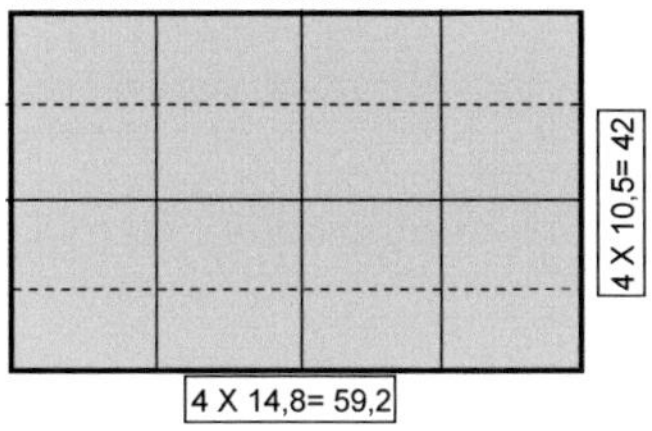

18 Nutzen **A 6** im Hochformat im Einzelnutzen oder 6 Nutzen mit Paralellfalz

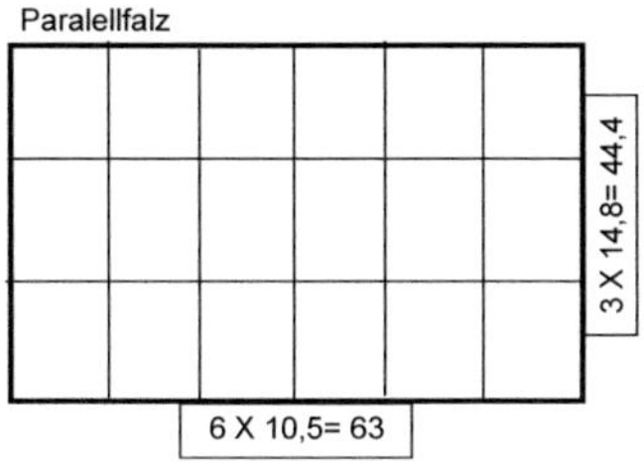

Standardeinkaufsformate

65 X 92 = 0,598m²

2 Nutzen DIN **A 2**

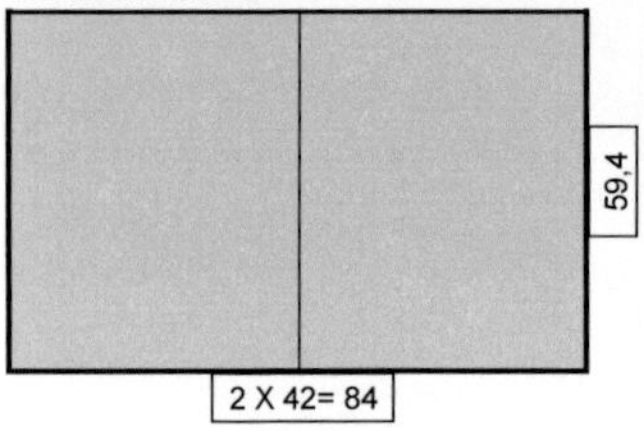

3 Nutzen im Einzelnutzen 63x297

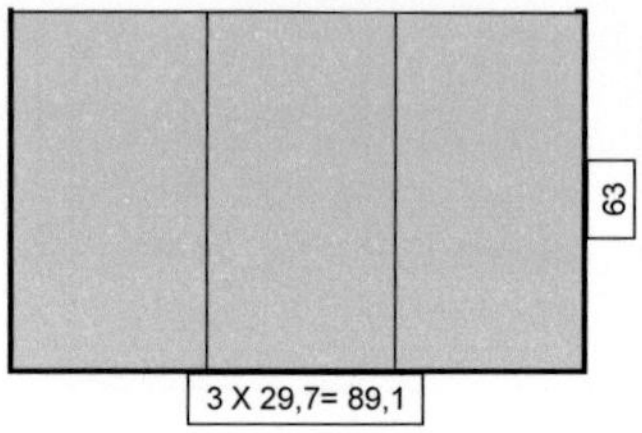

4 Nutzen DIN **A 3** Querformat =
8 Seiten mit 2 Kreuzbrücher

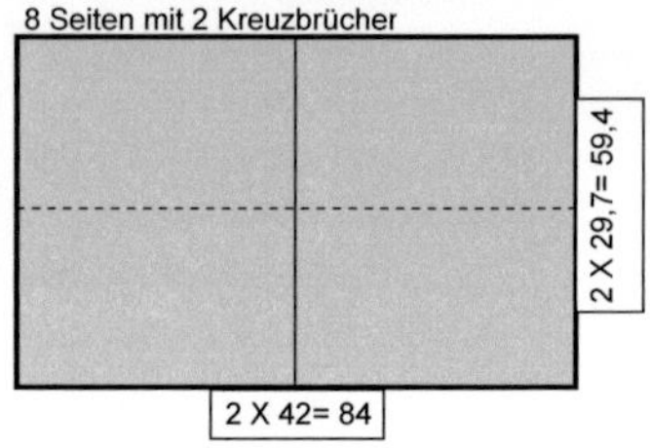

8 Nutzen DIN **A 4** Hochformat =
16 Seiten mit 3 Kreuzbrüchen

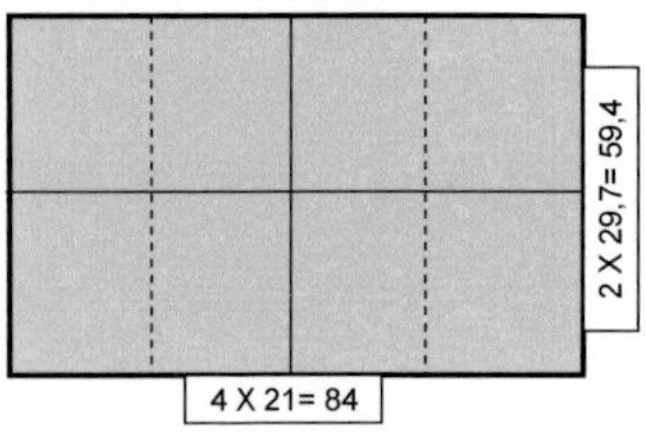

9 Nutzen DIN **A 4** Querformat im
Einzelnutzen oder 3 Nutzen mit
Paralellelfal:

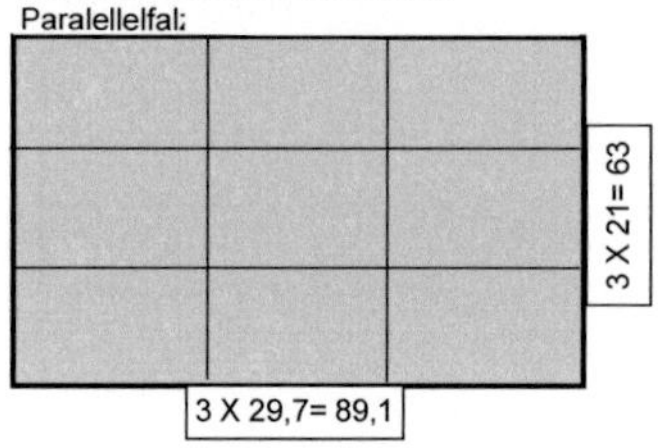

18 Nutzen **A 5** im Hochformat im
Einzelnutzen oder 6 Nutzen mit
Paralellfalz

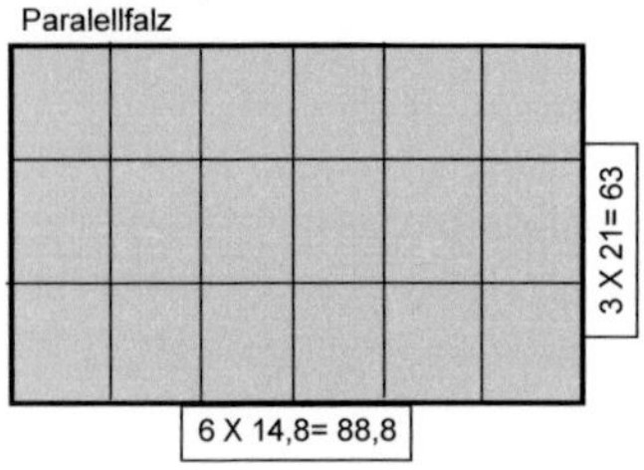

16 Nutzen **A 5** im Querformat =
32 Seiten mit 4 Kreuzbrüchen

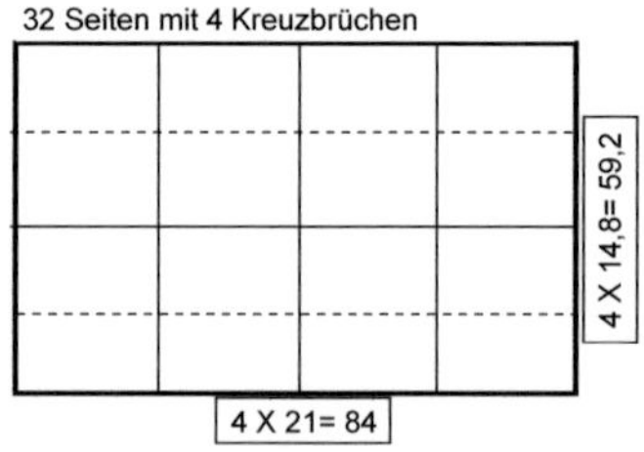

65 X 46 = 0,299m²

2 Nutzen DIN **A 3**

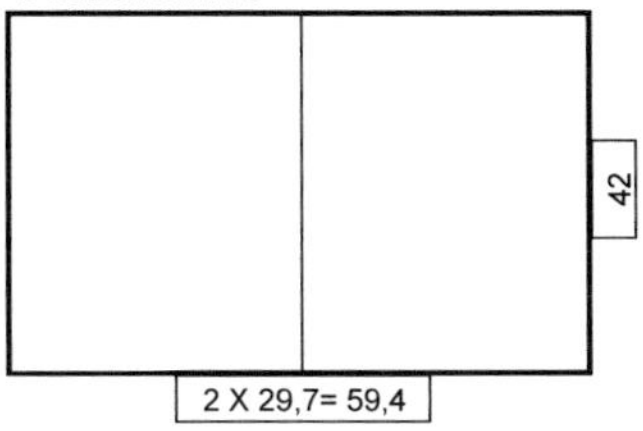

4 Nutzen DIN **A 4** Querformat =
8 Seiten mit 2 Kreuzbrücher

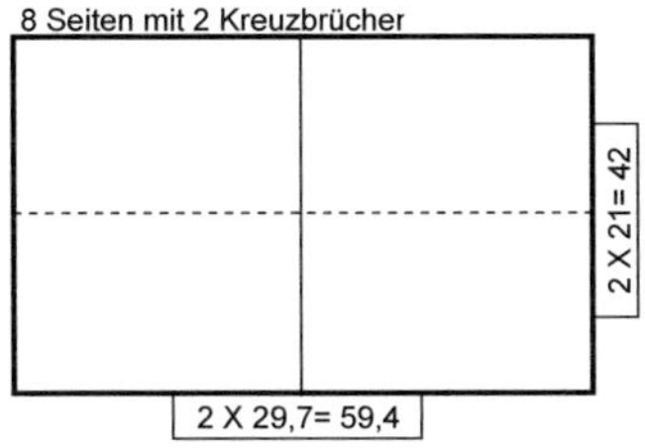

8 Nutzen DIN **A 5** Hochformat =
16 Seiten mit 3 Kreuzbrüchen

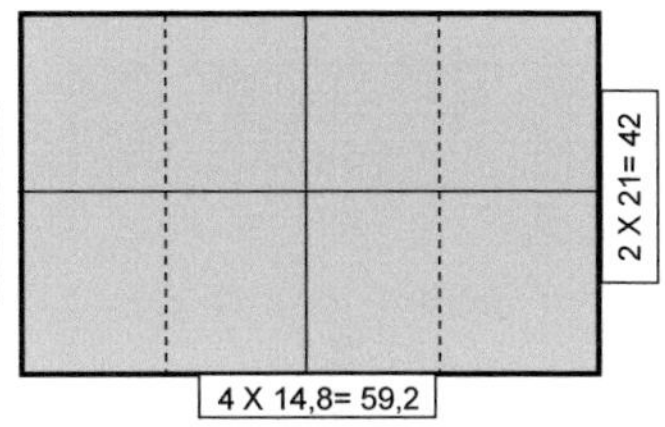

9 Nutzen DIN **A 5** Querformat im Einzelnutzen oder 3 Nutzen mit Paralellfalz

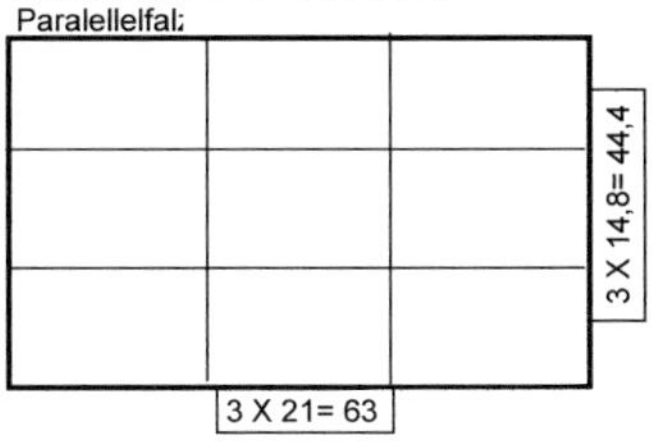

16 Nutzen **A 6** im Querformat =
32 Seiten mit 4 Kreuzbrüchen

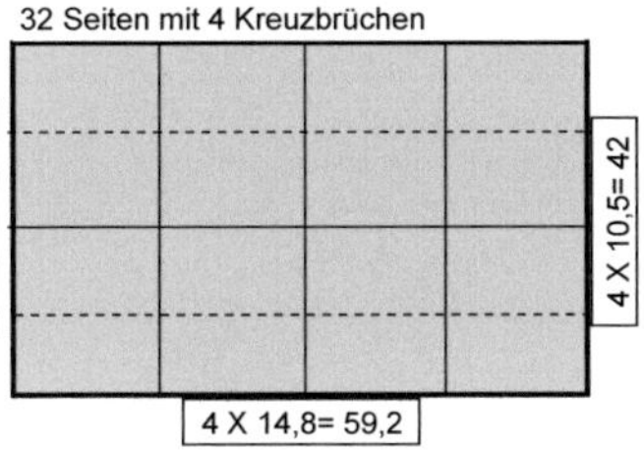

18 Nutzen **A 6** im Hochformat im Einzelnutzen oder 6 Nutzen mit Paralellfalz

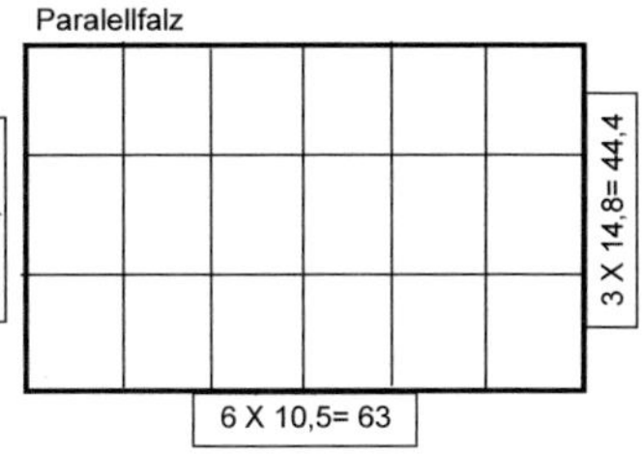

Standardeinkaufsformate

63 X 88 = 0,5544m²

4 Nutzen DIN **A 3** Querformat =
8 Seiten mit 2 Kreuzbrücher

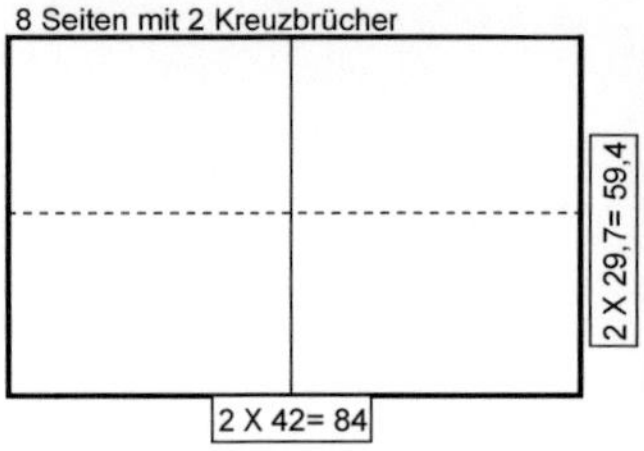

8 Nutzen DIN **A 4**Hochformat =
16 Seiten mit 3 Kreuzbrüchen

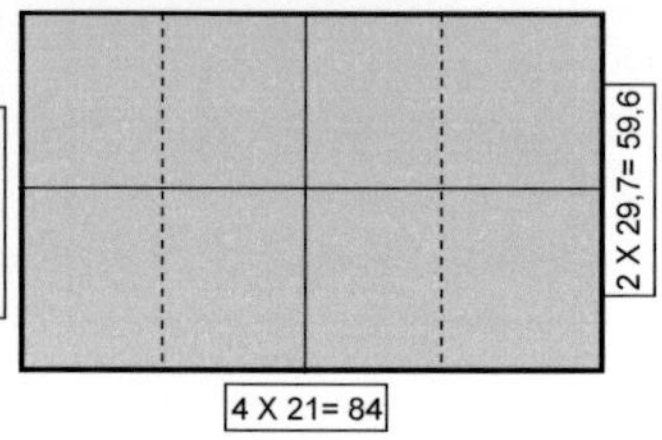

16 Nutzen **A 5** im Querformat =
32 Seiten mit 4 Kreuzbrüchen

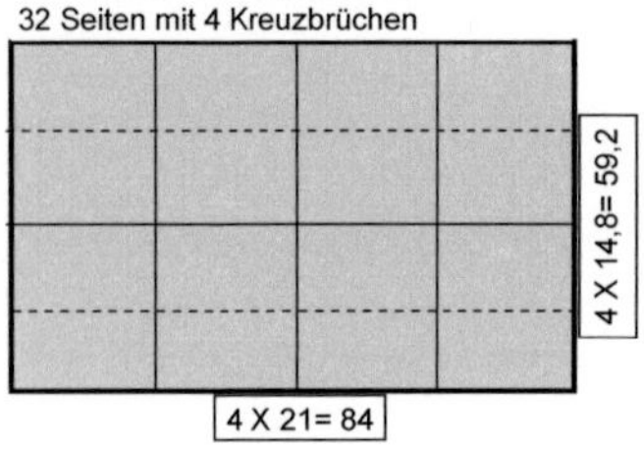

32 Nutzen DIN **A 6** Hochformat =
64 Seiten mit 5 Kreuzbrücher

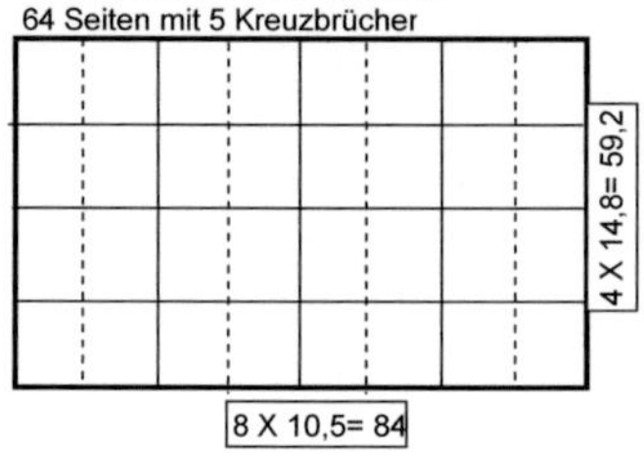

44 X 63 = 0,2772m²

2 Nutzen DIN **A 3**

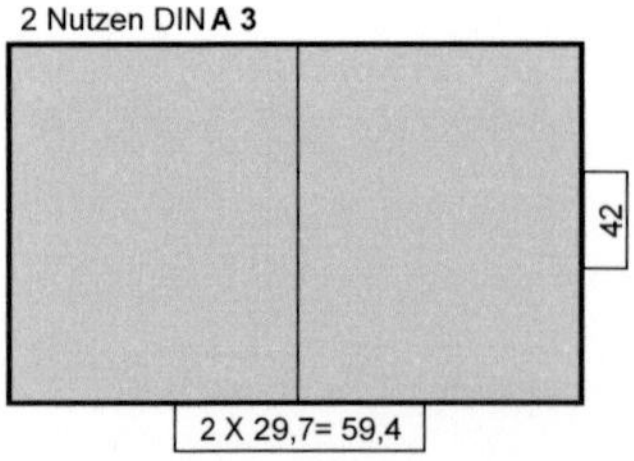

4 Nutzen DIN **A 4** Querformat =
8 Seiten mit 2 Kreuzbrücher

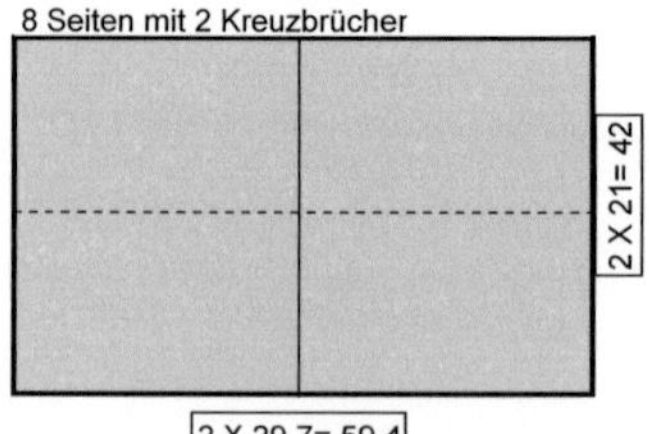

8 Nutzen DIN **A 5** Hochformat nur mit Trennschnitt

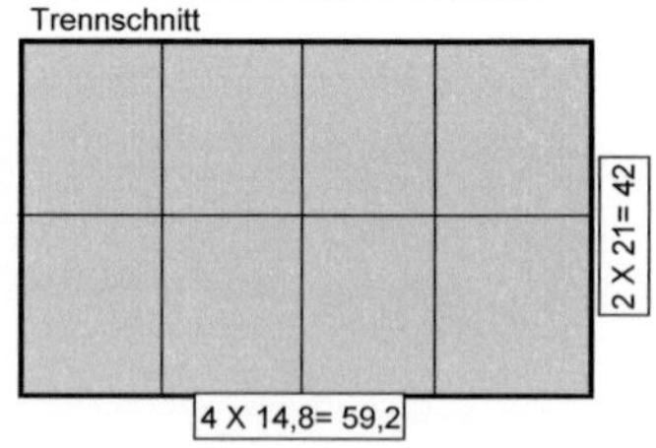

16 Nutzen **A 6** im Querformat nur mit Trennschnitt

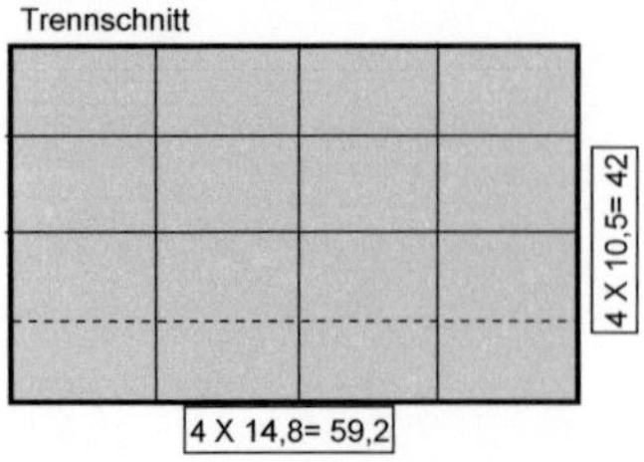

Gewicht berechnen

Mit folgender Formel lässt sich das Gesamtgewicht (E) von Publikationen berechnen:

$$E_g = B_m \times L_m \times Q_{g/qm} \times S_{Blatt}$$

E steht für das Gesamtgewicht in Gramm, L für die Länge des Papierbogens, B für seine Breite (angegeben in Metern), Q für das Quadratmetergewicht des Papiers und S für die Anzahl Blatt.

Buchrückenstärke berechnen

Die Breite eines Buchrückens ist abhängig von der Bogendicke (siehe Tabelle nächste Seite) des benutzten Papiers. Nachfolgend ein Beispiel für ein Buch mit 160 Seiten Inhalt auf 150 g/qm Bilderdruck glänzend sowie einem Umschlag auf 300 g/qm Bilderdruck glänzend (160 Seiten Inhalt = 80 Blatt Papier):

$$80 \times 0{,}13_{mm} + 2 \times 0{,}24_{mm} \approx 10{,}9\ mm$$

FM-Rasterformel	
	VORTEILE
+	keine Moire-Effekte
+	kein Rosettenbildung
+	hohe Detailschärfe
+	hohe fotorealistische Bildwiedergabe
+	Treppenstufen an den Kanten von Bildelementen werden vermieden (Sägezahneffekt)
+	Gerasterte Bilder sind im Druck weniger empfindlich auf Farbschwankungen. Stabilerer Fortdruck
+	Geringere Farbführungsmengen, dadurch geringere Trock nungszeiten (Senkung des Farbverbrauchs um ca 15% durch geringere Farbschichtdicke, sollte man eher als Marketingargument betrachten)
+	Papierfärbung hat weniger Einfluss auf die farbverbindliche Wiedergabe (Papier erscheint weißer)
+	weniger empfindlich auf Passerfehler und daraus resultierende Farbabweichungen, die in einem solchen Fall im AM-Raster zu erwarten sind
+	leicht größerer Farbraum
	NACHTEILE
+	Bei glatter Rasterfläche und Farbverläufen kann im Druck eine Körnigkeit entstehen die zur Unruhe neigt
+	Zusätzliche Druckplatten und Makulaturzuschuß
+	je nach Auflage erhöhte Gummituch-Waschzyklen – Positiv-bzw. Negativaufbau (Rasterpunkt nimmt zu oder wird spitz)
+	Zusätzliche Kosten für Andruck – Proofs können farbgetreue, exakte Bildwiedergabe nicht optimal darstellen
+	Standards für FM-Raster. Weder im Medienstandard Druck noch im Prozess-Standard Offsetdruck (PSO), wird bei FM-Raster berücksichtigt. Es muss ein Hausstandard erstelltwerden und eingehalten werden.
+	höhere Anforderungen ans Bildmaterial (höhere Auflösung der Bilder, um den Detailschärfe-Vorteil zu nutzen
+	stark geschärfte Fotos wirken schnell unnatürlich
+	schlecht retuschierte Bilder (z. B. Kratzer sind schneller sichtbar)
+	gut kalibrierte Druckplatten, da nachträglich Farbkorrekturen in der Maschine nur bedingt möglich sind.
+	bei Metallicfarben mit floureszierenden Farben und großen Farbpigmenten ist ein FM-Raster nicht möglich

Dateiformate

Format	Datentausch	Text	Layout/Satz	Pixelbild	Vektorgrafik	Internet	Multimedia	Skriptspr.	Audio	Video	Office	Workflow
AAC									X			
AI					X							
AIF									X			
ASP						X		(X)				
AVI										X		
BMP				X								
CDR					X							
CIP3												X
CIP4												X
CSS						X						
CSV											X	
DIR							X					
DOC		X										
EPS	X			(X)	X							
FHx					X							
FLA						X	X					
GIF				X		X						
HTML						X						
IFRA												X
INDD			X									
JDF												X
JEPG				X		X						
JMF												X
JS						X		X				
MDB											X	
MID									X			
MOV										X		
MP3									X			
MPEG										X		
ODP											X	
ODS											X	
ODT											X	
PICT				X								
PDF	X		X									
PHP						X		X				
PJTF												X
PL						X		X				
PNG				X		X						
PPF												X
PPML												X
PPT											X	
PS/PRN	X		X									
PSD				X								
QXD			X									
RA									X			
RAW				X								
RM										X		
RTF	X	X										
SVG					X	X						
SWF						X	X					
TIFF	X			X								
TXT	X	X										
WAV									X			
WMA									X			
WMF	X			(X)	X							
WMV										X		
XLS											X	
XML	X		X									
XPS	X		X									

PDF = + Plattformunabhängigkeit
+ Betriebssystemunabhängigkeit
+ Programmunabhängigkeit (lediglich ein Reader)
+ immer darstellbar/ausdruckbar wie der Autor es erstellt hat
+ für Bestimmungszweck optimierbar
+ multimediale Inhalte möglich
+ Formularfunktion mit entsprechenden Programmierungen möglich
+ Dokumentschutz Verschlüsselung möglich
+ geringe Datenmenge als in Ursprungsanwendung
+ unter Umständen editierbar
+ komfortable Volltextsuche
+ Print: alle relevanten Daten Bilder, Schriften sind eingebettet
+ Sicherheit gegenüber Viren (nicht vollst. ausgeschlossen, aber besser als eine Worddatei zu verschicken)

PDF/X-1a	
2001 basiert auf PDF 1.3 2003 basiert auf PDF 1.4	
+	alle verwendeten Schriften eingebettet oder als eingebettete Untergruppe
+	Bilddaten müssen als Bestandteil im PDF enthalten sein
+	CMYK und Schmuckfarben
+	Seitengeometrie (Trimbox =Endformatbox, Bleedbox = Anschnittbox) muss definiert sein
+	Angabe ob die Datei überfüllt ist
+	Outputintent: Nennung der Druckbedingungfür die, die Datei erstellt wurde
+	Kompressionen (wenn verwendet) nur ZIP und JPG
-	LAB und RGB-Farben
-	LZW-Kompression
-	Kommentare und Formularfelder innerhalb des Endformats
-	Verschlüsselung
-	Transparenzen
-	Ebenen
-	Transferkurven
-	einbetten von ICC-Profile zur Kennzeichnung von Farbtransformationen
=	**PFX/-1a**

PDF/X-3	
2001 basiert auf PDF 1.3 2003 basiert auf PDF 1.4	
+	alle verwendeten Schriften eingebettet oder als eingebettete Untergruppe
+	Bilddaten müssen als Bestandteil im PDF enthalten sein
+	CMYK, Schmuckfarben, LAB, RGB und ICC-basierte Farben
+	Seitengeometrie (Trimbox =Endformatbox, Bleed-box = Anschnittbox) muss definiert sein
+	Angabe ob die Datei überfüllt ist
+	Outputintent: Nennung der Druckbedin-gungfür die, die Datei erstellt wurde
+	Kompressionen (wenn verwendet) nur ZIP und JPG
–	LZW-Kompression
–	Kommentare und Formularfelder innerhalb des Endformats
–	Verschlüsselung
–	Transparenzen
–	Ebenen
–	Transferkurven
=	**PFX/-3**

PDF/X-4	
2008 basiert auf PDF 1.4	
+	alle verwendeten Schriften eingebettet oder als eingebettete Untergruppe
+	Bilddaten müssen als Bestandteil im PDF enthalten sein
+	CMYK, Schmuckfarben, LAB, RGB und ICC-basierte Farben
+	Seitengeometrie (Trimbox =Endformatbox, Bleedbox = Anschnittbox) muss definiert sein
+	Angabe ob die Datei überfüllt ist
+	Outputintent: Nennung der Druckbedingungfür die, die Datei erstellt wurde
+	Kompressionen (wenn verwendet) nur ZIP und JPG
+	Transparenzen
+	Ebenen
-	LZW-Kompression
-	Kommentare und Formularfelder innerhalb des Endformats
-	Verschlüsselung
-	Transferkurven
=	**PFX/-4**

Druck-Datenworkflow

Arbeitsdatei

↓

PostScript-Datei

↓

PDF-Datei

↓

Preflight

↓

Colormatching

↓

Trapping

↓

Bogenaufbau

↓

Proofing

↓

Doppelte Proofkontrolle

↓

Extra Datencheck

↓

CTP-Druckplatten-belichtung

↓

Druckmaschine

Bits und Bytes

Zahlensysteme

System	Basis	Ziffern
Binär	2	0, 1
Dezimal	10	0, 1, 2, 3, 4, 5, 6, 7, 8 ,9
Hexadezimal	16	0, 1, 2, 3, 4, 5, 6, 7, 8 ,9, A, B, C, D, F

Datenmengen

8bit = 1 Byte

1024 Byte = 1 Kilobyte (KB)

1024 KB = 1 Megabyte (MB)

1024 MB = 1 Gigabyte (GB)

Datentiefen

Vorlage	Datentiefe	Tonwertstufen
Strichbild	1 bit	$2^1 = 2\ TwSt$
Graustufen	8 bit	$2^8 = 256\ TwSt$
RGB-Bild	24 bit	$2^{24} = 2^{8*3\ Kanäle} = 16{,}7\ \text{Mio}\ TwSt$
CMYK-Bild	32 bit	$2^{32} = 2^{8*4\ Kanäle}$

Speicherkapazitäten

Diskette	1,44 MB
ZIP	100 – 250 MB
Festplatte	10 – 300 GB
MO-Disk	640 MB – 1,3 GB
CD-ROM	650 – 800 MB
Streamer	70 GB

Datenübertragung

Übertragungsrate: bps (bit/s) oder baud

$$\text{Übertragungszeit} = \frac{\text{Anzahl der Bit}}{\text{Datenübertragungsrate}\,[\text{bit/s}]}$$

Umrechnung verschiedener Zahlensysteme

Die Ursprungs-Zahl wird durch die Basis des Ziel-Systems geteilt und der „Rest" der Division notiert. Der ganzzahlige Anteil der Division wird weiter geteilt, so dass die Zahl von rechts nach links „wächst".

Beispiel: 1973 ins Hexadezimalsystem:

$$\begin{aligned} 1973 \div 16 &= 123 \text{ Rest } 5 \rightarrow \quad 5h \\ 123 \div 16 &= \;\;7 \text{ Rest } 11 \rightarrow \; B5h \\ 7 \div 16 &= \;\;0 \text{ Rest } 7 \rightarrow 7B5h \end{aligned}$$

Maßeinheiten und Abkürzungen

Einheit		Bedeutung
Bit	Binary Digit	kleinste Informationseinheit
B	Byte	8 Bit, kleinste Speichereinheit
Bps	Bytes/Sekunde	Übertragungsrate (Speichermedien, Netzwerke)
Bpi	Bytes/Inch	Aufzeichnungsdichte (Speichermedien)
Tpi	Tracks/Inch	Spurdichte (Speichermedien)
MIPS	Millionen Instruktionen/s	Rechengeschwindigkeit
FLOPS	Fließkomma-Operationen/s	Rechengeschwindigkeit
lsb	least significant bit	Einer-Stelle einer Binärzahl
msb	most significant bit	Stelle einer Binärzahl mit der höchsten Wertigkeit
	little endian	Bytes werden mit dem lsb zuerst gespeichert, wie bei Intel-Rechnern (DOS/Win)
	big endian	Bytes werden mit dem msb zuerst gespeichert, wie bei Motorola-Rechnern (Mac)

Datenübertragung – In drei Schritten

a) Dateigröße einschließlich Kompression

$$\frac{\text{Breite in Zoll} \cdot \text{Höhe in Zoll} \cdot \text{Auflösung in dpi} \cdot \text{Datentiefe in Bit}}{\text{Kompressionswert}}$$

b) Übertragungszeit:

$$\frac{\text{Anzahl der Bit}}{\text{Datenübertragungsrate (Bit/s)}}$$

c) Kosten:

$$\frac{\text{Gesamtkosten}}{\text{Gesamtzeit}} \cdot \text{Übertragungszeit}$$

Abtastfrequenz (Samplingrate)

Frequenz	*Qualitätsstufe*
96 kHz	Studioqualität
44,1 kHz	Audio-CD
22,05 kHz	Multimediaanwendungen
11,025 kHz	Niedrige Qualität

Auflösung

Auflösung	*Tonabstufungen*
24 bit	16,7 Mio (DVD-Qualität)
16 bit	65536 Stufen (CD-Qualität)
8 bit	256 Stufen (Multimedia, Monosound)

$$\mathit{Datenmenge}[\mathrm{Byte}] = \frac{\mathit{Auflösung}[\mathrm{Bit}] * \mathit{Abtastfrequenz}[\mathrm{Hz}] * \mathit{Anzahl\ Kanäle} * \mathit{Aufnamezeit}[\mathrm{sek}]}{8}$$

Veredelungsmöglichkeiten

- Lackierung (Dispersionslack, Öldrucklack, UV-Lack, Strukturlack, Drip off, Gold- / Silberlacke)
- Form-/Fensterstanzen
- Perforieren
- Laserfeinstanzen
- Iriodin (Metallpigmentierte Lackart / Effektlack)
- Kaschieren (Verbinden verschiedener Materialen z.B. Papier auf Pappe, Folie auf Papier o.ä.)
- Prägen
- Hexachrome (6- oder mehrfarbiger Druck (Sonderfarben))
- Druck auf Kunststoff
- floureszierende Farben
- Duftlacke (gekapselt oder ungekapselt)
- Heißfolienprägen
- Cold Foil (Kalt Folie)
- Lentricular (Zusammendruck von 2 Bildern; wird über Folie zum Wackelbild)
- Hologramme
- Laminierung (Folienveredelung)

Lacke

Lackveredelung: Lacke werden in 2 Hauptgruppen gegliedert: Schutzlacke und Effektlacke.	
Drucklackierung (Öldrucklacke, Schutzlack)	
+	mittelmässiger glanz, befriedigende Scheuerfestigkeit
+	mittelmäßige Trocknung
+	zusätzliche Druckplatte notwendig
+	bezeichnet man als Inline-Veredelung, weil der Vorgang direkt in der Druckmaschine stattfindet
Drucklackierung (Dispersionslack, Schutzlack)	
+	zusätzliches Druckwerk in der Druckmaschine, das speziell für Lacktechnologien entwickelt wurde (z. B. Kammerrakelsystem mit einer Rasterwalze)
+	keine zusätzliche Druckplatte notwendig
+	je nach Lacktyp benötigt man eine zusätzliche Trocknungseinheit in der Maschine
+	bezeichnet man als Inline-Veredelung, weil der Vorgang direkt in der Druckmaschine stattfindet
+	sehr gute Trocknung, anschließend schnelle Weiterverarbeitung möglich
Drip-Off-Verfahren (Effektlackierung)	
+	guter Glanz bei glänzenden Papieren
+	gute Trocknungseigenschaften
+	zusätzliche Druckplatte notwendig
+	Kombination aus Mattpaste und Glanzlack (Glanzdispersionslack)
UV-Lackierung (Effektlackierung)	
+	Lackmenge wird in hoher Menge oder mehrfach aufgetragen
+	besonders hohe Glanzwirkung
+	zusätzliche Druckplatte notwendig
+	Meist als Offline-Veredelung, da Offsetmaschinen bei den langsamen Geschwindigkeiten, die der Lack zur Trocknung benötigt, zu unwirtschaftlich sind.
+	Duftlacke möglich
Relieflacke (Effektlackierung)	
+	haptische Eigenschaften mit eine Blindprägung vergleichbar
+	Druckplatte notwendig, z. b. Blindenschrift
+	meist verwendet, um bei Verpackungsdesign die Gefühlsebene des Kunden anzusprechen

Die wichtigsten Unterscheidungsmerkmale von Schriften

1. Hauptstrich
2. Haarstrich
3. Serife
4. Achsstellung bei Rundungen
5. Anstrich
6. Endstrich
7. Scheitel
8. Bauch
9. Schlinge
10. Innenform
11. Verbindungen
12. Kehlung

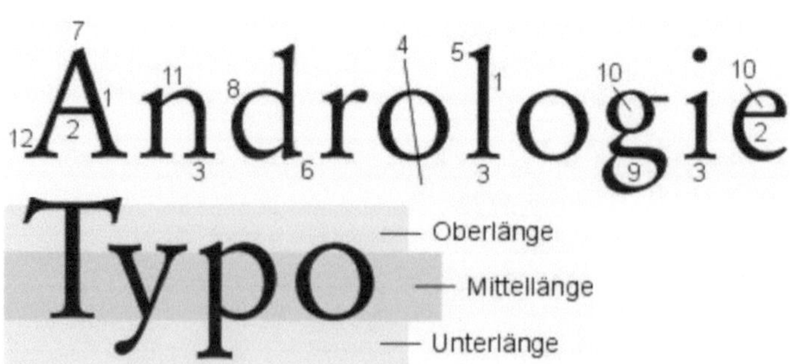

Gruppe I	**Venezianische Renaissance-Antiqua**	Deepdene Horley Old Style Jersey
Gruppe II	**Französische Renaissance-Antiqua**	Sabon-Antiqua Goudy Old Style Palatino
Gruppe III	**Barock-Antiqua**	Caslon Times New Roman Baskerville
Gruppe IV	**Klassizistische Antiqua**	Caledonia Walbaum Zapf Book
Gruppe V	**Serifenbetonte Linear-Antiqua**	Clarendon Impressum Lubalin Graph
Gruppe VI	**Serifenlose Linear-Antiqua**	Franklin Gothic Avant Garde Helvetica
Gruppe VII	**Antiqua-Varianten**	Souvenir Newtext Broadway
Gruppe VIII	**Schreibschriften**	Schreibschrift Signal Bernhard-Schönschrift
Gruppe IX	**Handschriftliche-Antiqua**	Delphin Time-Script Ondine
Gruppe X	**Gebrochene Schriften**	Wilhelm-Klingspor-Gotisch Weiß-Rundgotisch Alte Schwabacher Walbaum-Fraktur Rhapsodie
Gruppe XI	**Fremde Schriften**	能增進健康也德國各 イ木曾路ノ旋ニ出デ Платон не слишком ךיו· יוסף להתרחק ממנו· כי רבים

Um Textpassagen hervorzuheben, kommt man meist nicht drum herum mehr als eine Schriftart zu verwenden. Damit diese Schriftmischung gelingt, gilt es, gewisse Regeln einzuhalten.

Grundsätzlich sollte zwischen den gewählten Schriften ein klarer Gegensatz (Kontrast) entstehen oder aber völlige Übereinstimmung hergestellt werden. Geringe Unterschiede erzeugen bei dem Betrachter eine störende Unausgeglichenheit. Bei der Auswahl einer neuen Schriftart legen wir bei der Beurteilung den gleichen Schriftschnitt und Schriftgrad zu Grunde. Serifenschriften (Antiqua) und serifenlose Schriften (Grotesk) bilden einen einfachen aber deutlichen Kontrast. Neben der Wahl einer Schrift anderen Charakters, können wir Schriftschnitte oder Schriftgrößen gleicher Schriftfamilien mischen.

Praxistipps:

- nach Möglichkeit nie mehr als drei Schriftarten miteinander mischen
- deutliche Schriftunterschiede schaffen
- Serifenlose Schriften und Serifenschriften können problemlos gemischt werden
- runde und gebrochene Schriften aus einer Stilepoche kann man gut mischen
- Schriften aus einer Schriftfamilie kann man gut mischen
- den Titel deutlich von der Grundschrift absetzen

Diese Schriftklassen lassen sich nicht mischen:

1. Frakturschriften untereinander
2. Klassizistische Schriften mit Schriften der Renaissance-Antiqua Schriften
3. Englische Schreibschriften mit den Renaissance-Antiqua Schriften
4. Klassizistische Schriften mit den Barock-Antiqua Schriften
5. Klassizistische Schriften untereinander (z.B. Bodoni, Wallbaum, Didot)

Condensed

Condensed Italic

Bold Condensed

Bold Condensed Italic

Regular

Italic

Semibold

Semibold Italic

Bold

Bold Italic

A

Acrobat Von Adobe entwickelte Software, um PDF-Dateien für den plattform¬unabhängigen Austausch von elektronischen Dokumenten aufzubereiten. Mit dem Acrobat-Modul Distiller können PostScript- oder EPS-Dateien in eine PDF-Datei gewandelt werden. Die PostScript-Dateien werden vorher mit Hilfe eines Druckertreibers erzeugt. Ein anderer Weg der PDF-Erzeugung ist der direkte Datenexport im Anwendungsprogramm. Mit dem Acrobat-Modul Capture werden Dokumente gescannt und in das PDF-Format konvertiert. Mit dem kostenlosen Adobe Reader können PDF-Dokumente geöffnet und gedruckt werden

ActiveX Eine von dem Hersteller Microsoft speziell für Internet Explorer entwickelte Programmiersprache für das World Wide Web, die auf der OLE(Object Linking and Embedding)-Technologie aufbaut. Da so codierte Anwendungen eine geringere Datenmenge aufweisen, sollen sie sich auch bei einem langsamen Internet-Zugriff noch in adäquater Zeit laden lassen

Additives Farbsystem / additive Farben Mischung von Lichtfarben. Die Grundfarben sind Rot, Grün und Blau. Ihre Anteile addieren sich zu Weiss. Überlagern sich jeweils nur zwei Grundfarben, entstehen als Mischfarben die sogenannten Komplementärfarben. z.B. bei Farbfernseher oder Farbmonitor.

ADSL Asynchronous Digital Subscriber Line. Eine Technik, welche die Kapazität traditioneller Telefon-Kupferleitungen deutlich erhöht. Bis zu acht Megabit pro Sekunde zum Kunden und einem Megabit pro Sekunde zurück ins Netz. ADSL ist damit rund 60-mal schneller als ISDN.

AGBs Sind für eine Vielzahl von Verträgen vorformulierte Vertragsbedingungen.

Der Kunde muss die Möglichkeit haben, die AGBs zur Kenntnis zu nehmen und in Ruhe zu lesen. In Internetshops muss der Kunde vor der Bestellung selbst die Option aktivieren, dass er die AGBs zur Kenntnis genommen hat, bevor sein O.K. wie eine Unterschrift gilt.

Ästhetischer Randausgleich Funktion in Layoutprogrammen, die den Satzrand optimiert. Sie schiebt Versalien, wie beispielsweise V und W, An- und Abführungszeichen, Trennstriche, Interpunktionen et cetera, leicht über den eigentlichen Rand hinaus, so daß der optische Eindruck eines sauberen Randes entsteht

Aliasing Verlust von Informationen durch Überführung in eine andere Speicher- oder Darstellungsform (z. B. von Vektor- in Pixel-Grafiken).

Alpha-Kanal: Ein digitales Farbbild ist in mehrere Farbkanäle unterteilt, mindestens 3 (Rot, Grün, Blau), für den Druck in vier (Cyan, Magenta, Gelb und Schwarz). Weitere Kanäle können Maskeninformationen oder Transparenzen enthalten und werden als Alpha-Kanäle bezeichnet.

Altarfalz: Wird auch Fensterfalz genannt. Parallelfalz mit 6oder 8 Seiten. Beim 6-seitigen Altarfalz werden die beiden äußeren Seiten nach innen gefalzt. Der Aufbau erinnert in diesem Falle an die Flügeltüren eines Altars. Bei einem 8-seitigen Altarfalz werden ebenfalls die beiden äußeren Seiten nach innen gefalzt, zusätzlich wird nochmals in der Mitte zu einem Dreibruch-Parallelfalz gefalzt.

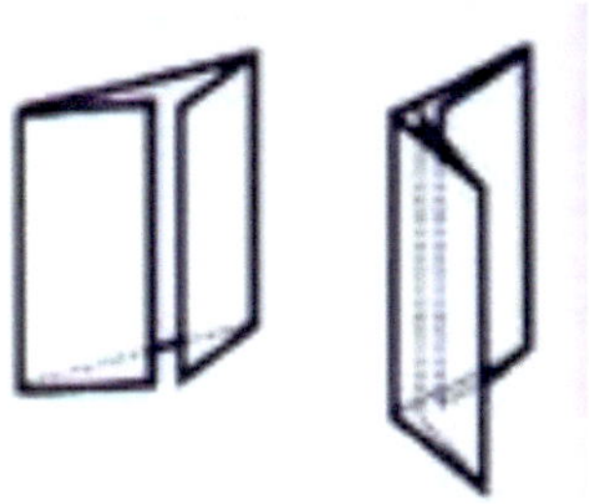

Altona Testsuite: Das Altona Testsuite Anwendungspaket dient der Qualitäts- und Prozeßkontrolle von Digitalproof und dem Workflow auf PDF-Basis. Überprüft und gesteuert werden die Einhaltung der PDF/X-3-Spezifikationen und die Übereinstimmung der Farbwiedergabe aller Geräte in einem PDF-Workflow. Das Paket beinhaltet PDF-Testdateien, Referenzdrucke, Färbungsstandards, Charakterisierungsdaten, ICC-Profile und eine Dokumentation

Amplitudenmodulierte Raster(Autotypische): Die Fläche wird in eine feste Zahl von Rasterpunkten aufgeteilt (z. B. 60-er-Raster: 60x60 Punkte pro qcm). Die Variation von Helligkeit und Farbeindruck erfolgt über die Größe der Punkte (die Amplitude).

Andruck: Probedruck auf einer Druckmaschine auf Auflagenpapier zur Kontrolle der Ton- und Farbwerte zum Abstimmen mit der Vorlage.

Animation: Serie von Einzelbildern, die, in schneller Abfolge präsentiert, beim Betrachter den Eindruck einer Bewegung erwecken

Anlage: Marken zum genauen Ausrichten des Druckbogens in der Druckmaschine

Anschnitt: Bereich, der über das Seitenformat hinaus definiert wird. Dies ist erforderlich, wenn Elemente bis zum Seitenrand gedruckt werden sollen. Man vermeidet damit weiße Blitzer an den Blattkanten durch das Beschneiden nach dem Druck. Der Anschnitt beträgt in der Regel 3 mm pro Seitenrand.

Antialiasing/Rendering: Rechnerisches Verfahren, um bei niedrig auflösenden Ausgabesystemen eine optisch ansprechende Wiedergabe-qualität zu erreichen. Bei der Bildschirmdarstellung von Grafikobjekten und Buchstaben werden unschöne, treppen-artige Kanten „entschärft". Dies erfolgt durch das Errechnen von Farbverläufen zwischen Objekt und Hintergrundfarbe.

Applikation: Synonym für Anwendungsprogramm.

Arbeitsplatzbeschreibung: enthält die Hauptaufgaben der Stelle, die Eingliederung in das Unternehmen und i.d.R die Befugnisse der Stelle

ASCII: American Standard Code for Information Interchange. International genutztes Standardformat für Textdaten. ASCII-Text beinhaltet keine Formatierungen und kann von allen Rechnern und Programmen verarbeitet werden. Die Erweiterung auf den 8-Bit-Code ermöglicht die Codierung von europäischen Zeichen, wie z.B. Umlaute und Akzente.

ASP: 1. Active Server Pages: Web-Server-Technik von Microsoft. Basiert auf der Programmiersprache Visual Basic und dient zur Erstellung interaktiver Anwendungen und Abfragen. 2. Application Service Provider sind Dienstleister, die ihren Kunden auf Mietbasis Software zur Verfügung stellen. Die Software wird beim Dienstleister zentral gespeichert und die Kunden erhalten über Datenleitungen Zugriff. Beispiel-Anwendungen: Gehaltsbuchführung, Abonnentenverwaltung, Online-Preflight-Systeme

Asset: Text-, Bild-, Ton- oder Film-Element einer Multimedia- oder Druck-Produktion. Assets können in einer Datenbank, auch Asset Management System genannt, gespeichert werden.

Asymmetrische (Verschlüsselungs-) Verfahren: Moderne kryptographische Verfahren, bei denen der Schlüsselaustausch auch über ungeschützte Verbindungen erfolgen kann. Jeder Teilnehmer an einem asymmetrischen Verfahren benötigt ein Schlüsselpaar, den öffentlichen Schlüssel und den privaten Schlüssel. Zusätzlich können in diesem verfahren auch Zertifikate benutzt werden, um die Authentizierung sicherzustellen.

Attachment: Dateien, die an E-Mails angehängt werden - Texte, Bilder, Töne, Grafiken, Filme, Programme. Dateien müssen normalerweise an eine E-Mail angehängt werden, weil E-Mails aus ASCII-Zeichen bestehen, während normale Dateien im Binärcode geschrieben sind.

Audio- und Video-Streaming: Streaming-Technologien erlauben es, im Internet Audio- und Videodaten in Echtzeit zu übertragen, anstatt die Files erst aus dem Internet herunterzuladen. Auf der Server-Seite sorgt eine Kompressionssoftware dafür, daß die übertragene Datenmenge nicht zu groß wird, auf der Client-Seite ist meist ein Plug-in wie „RealPlayer" zur Dekodierung der Daten nötig.

Auflösung: Anzahl der einzeln ansteuerbaren Pixel (Bildpunkte) bei der Digitalisierung oder der Wiedergabe von Vorlagen bzw. bei am Computer erzeugten Dokumenten. Anzahl der Bildpunkte je Strecke bzw. Fläche. Je höher die Auflösung (mehr Bildpunkte), desto "feiner" die Bildwiedergabe.

Auflösungsvermögen: Definiert in der Fotografie die Anzahl von Linien pro Millimeter die bei einem Tonwert von 50% noch getrennt wiedergeben werden können.

Aufsichtsvorlage: Reproduktionsvorlage auf nicht oder nur gering lichtdurchlässigem Material (z.B. Papier, Karton)

Ausschießen: Anordnen der Druckseiten oder Kopiervorlagen zu einer Druckform, unter Beachtung der Seitenreihenfolge nach dem Falzen

Aussparen: Beim Aussparen sind Bild- und Textelemente so angelegt, daß der Bereich des Vordergrundelementes in dem Hintergrundelement freigelegt wird. Beim Aussparen muß in der Regel eine Überfüllung angelegt werden. Das Gegenstück zum Aussparen ist das Überdrucken. ->Überdrucken.

Ausstatten: Innere und äußere Ausgestaltung eines Buches.

Auszeichnung: Satztechnische Hervorhebung im Text einer Druckseite oder Manuskriptbearbeitung mit notwendigen Angaben für die Satzherstellung.

Authentizierung oder Authentifizierung: Der Absender einer Nachricht kann eindeutig identifiziert und überprüft werden. Ein Teilaspekt der „Sicherheit im Internet".

Autorenkorrektur: Korrektur des Medienproduktes durch den Autor oder Verlag.

B

Backup: (engl.) Datensicherung

Batch-Verarbeitung: Stapelverarbeitung, d.h. Programme und Daten werden dem Rechner als Einheit übergeben und durch Steuerung des Betriebssystems nacheinander abgearbeitet.

Baud: Einheit für die Datenübertragungsgeschwindigkeit (Bit pro Sekunde)

Beihefter: Eine fest in eine Publikation eingeheftete oder eingeklebte Werbedrucksache, je nach Art auch Ein- oder Durchhefter genannt.

Berliner Format: Das kleinste gebräuchliche Zeitungsformat [470 mm Höhe und 315 mm Breite].

Beschnitt: über das Endformat hinausgehender Papierrand, der nach dem Druck an allen Seiten abgeschnitten wird, um ein sauber geschnittenes Endprodukt zu erzielen

Beschnittmarken: kurze Linien, die mit auf den Druckbogen gedruckt werden, die anzeigen, wo ein Schnitt erfolgen soll

Betriebssystem: Software zur Steuerung der Grundfunktionen in einem EDV-System. Betriebssysteme sind z. B. MSDOS, Windows, MacOS, OS2 . . Aufgaben: = Verwaltung von Daten und Programmen, Effiziente Ausnutzung der Betriebsmittel, Unterstützung bei Fehlern und Ausfällen

Bewegungsdaten: Befinden sich in Datenbanken und ändern sich häufiger. Sie enthalten Verknüpfungen zu den Stammdaten und weitere Informationen. Z.B. Name, Adresse stehen in den Stammdaten, Menge und Bestelldatum kommen als Bewegungsdaten hinzu.

Bilddatenbank: Sammlung von Bilddaten, die in einer Datenbank strukturiert gespeichert werden. Verwaltungsdaten ermöglichen den gezielten Zugriff nach Schlüsselwörtern, Datenformaten oder Datum. Die Speicherung der Daten erfolgt meist auf zentralen Servern oder auf Datenträgern (CD, DVD). Das Datenformat sollte die Weiterverarbeitung in den unterschiedlichsten Medien zulassen.

Bildkompression: Um Digitalbilder platzsparend zu speichern, werden die Daten komprimiert. Die eingesetzten Komprimierungsverfahren führen jedoch häufig zu einer mehr oder weniger starken Verschlechterung der Bildqualität.

Bilderdruckpapiere: Alle gestrichenen Papiere von 70 bis 170 g/qm. Bilderdruckpapier kann matt, seidenmatt oder glänzend gestrichen sein. Sie sind für alle Druckverfahren geeignet. Bilderdruckpapier wird auch als Kunstdruckpapier bezeichnet.

Binär: Ein digitales Codiersystem, bei dem Daten in Form von zwei diskreten Einheiten (1 oder 0) dargestellt werden

Bindearten: Fadenheftung, Fadensiegelheftung, Klebebindung, Spiralbindung, Wire O Bindung, Drahtheftung

Bit: Kleinste digitale Informationseinheit, die zwei mögliche Zustände annehmen kann: 0 oder 1. Acht Bit ergeben 1 Byte

Glossar

Bitmap: Eine in Bildpunkte aufgelöste darzustellende Seite gleich welchen Inhalts. Datei mit Bildpunkten.

Scanner oder Digitalkameras speichern Bilder als Bitmap. Die Farbe jedes einzelnen Pixels wird durch eine bestimmte Anzahl von Bits definiert. Drucker und Belichter benötigen immer eine Bitmap-Datei zur Steuerung der Ausgabe z.B. durch Tonerauftrag oder Laserstrahl-Aufzeichnung.

Bit-Tiefe, Farbtiefe Bittiefe: Die Anzahl der verwendeten Bits zur Wiedergabe jedes einzelnen Pixels in einem Bild. Sie bestimmt den Farb- bzw. Tonwertumfang.

- 1 Bit Farbtiefe = 2 hoch 1= 2 mögliche Farben Schwarz/Weiß
- 8 Bit Farbtiefe = 2 hoch 8 = 256 mögliche Farben Farben/Grautöne
- 24 Bit Farbtiefe = 2 hoch 24 = 16,8 Mio mögliche Farben

Blitzer: Durch Maschinenungenauigkeiten verursachte Differenzen (Weißstellen) im Passer mehrfarbiger Drucksachen.

Blooming: (Überstrahlen) ist ein Störeffekt beim Scannen und digitalen Fotografieren der sich in großen farbsäumigen Hellbereichen äußert.

Bluetooth: Eine Technologie für drahtlose Kurzstrecken-Datenverbindungen zwischen allen Informationstechnologie- und Kommunikationsgeräten (Handys, Notebooks, PDAsHandhelds, Drucker, Tastaturen und sonstige Peripheriegräte).

Bogenarten:

- Druckbogen: bedruckter Bogen aus der Druckmaschine
- Buchbinderbogen: beschnittener Bogen nach dem Druck . Eingang für die Falzmaschine
- Falzbogen: gefalzter Bogen. Produkt der Falzmaschine

Bps: Bits per second, auch Bit/s. Theoretische Geschwindigkeit des Datentransfers in einem Netzwerk. Ein ISDN-Basisanschluß erreicht eine Transferrate von 64.000 bps, ein gängiger DSL-Anschluß 1024 kbps.

Brand: Eine Marke oder ein Warenzeichen ist ein besonderes, rechtlich geschütztes Zeichen, das dazu dient Waren oder Dienstleistungen verschiedener Unternehmen zu unterscheiden

Breitbandnetz: Sehr leistungsfähige, multimediafähige Computernetze mit großer Bandbreite. Verschiedene Datenströme können zur gleichen Zeit übertragen werden. Breitbandnetze bestehen meist aus Glasfaserkabeln, die Übertragungsraten von mehr als 20 MBit/s ermöglichen.

Breitbahn: Laufrichtung parallel zur kurzen Formatseite

Briefing: Bei einem Briefing handelt es sich um eine Kurzeinweisung (Kurzbesprechung) vor einem wichtigen Ereignis. Mann bespricht Information über alle erforderlichen Sachverhalte, die man benötigt um ein Angebot abgeben oder einen Auftrag ausführen zu können.

Re-Briefing Nachbesprechung mit dem Kunden nach Auftragserteilung. Korrektur und Abstimmungsmöglichkeiten bestehen.

De-Briefing Feedback durch den Auftraggeber nach Beendigung des Auftrages hinsichtlich der Qualität und der Auftragsdurchführung

Browser: Programm, mit dem man Daten von WWW-Servern abrufen und sichtbar machen kann. Der plattformabhängige Browser (Betrachter) erkennt die Tags (Markierungen), welche alle Textauszeichnungen und Formatierungen einer HTML-Datei steuern, und stellt das Dokument am Bildschirm den Tags entsprechend dar.

Browser-Suites: Tools, die mehr bieten als nur Browsing. Sie sind die nächste Generation von Client-Software für den Zugriff auf das Web. So beinhalten sie Funktionen wie Netcasting, Mail, News und die Erstellung von Web-Seiten. Ferner bieten sie eine Schnittstelle für Java-Applikationen.

Broschur: Ein gebundenes, buchartiges Produkt ohne feste Buchdecke; der Umschlag hat im All-gemeinen das gleiche Format wie der Buchblock. Sie besteht auseinem oder mehreren Bogen oder Blättern, die nach dem Heften, Klebebinden oder Fadensiegeln mit einem Umschlag aus Karton oder aus gleichartigem Material wie der Innenteil versehen wird.

Broschüre: Bezeichnung für eine mehrseitige Drucksache,

meist von geringerem Umfang. In der buchbinderischen Aus-führung hat sie die Form einer Broschur, jedoch ohne festen Einband. Broschüren haben in vielen Fällen einen aktuellen Bezug, z.B. in Form von Werbeinformationen, Gebrauchsanweisungen oder Produktinformationen.

Bubblejet-Verfahren: Eine Tintenstrahl-Drucktechnologie, bei der ein Heizelement die Tinte so stark erhitzt, daß sich eine Gasblase (bubble) bildet, die die Tinte aus der Düse drückt. Nach dem Abschalten des Heizelements entsteht ein Unterdruck, der neue Tinte aus dem Reservoir ansaugt. Bei diesem Verfahren verwenden einige Geräte unterschiedliche Tintensorten für den Normal- und den Fotodruck, um bei der Bildwiedergabe eine besonders gute Qualität zu erzielen.

Buch: Publikation mit mindestens 48 Seiten, besitzt anstelle des Umschlages eine aus mehreren Teilen bestehende Buchdecke

Buchblock: Der aus fertig gebundenen Falzbögen oder einzelnen

Blättern bestehende gedruckte Teil eines Buches, der klebegebunden oder geheftet und beschnitten ist. Er wird anschließend mit der Buch- decke verbunden.

Buchdecke: Ein aus zwei Deckeln und einer Rückeneinlage bestehender Einband, der meist mit Bezugsstoff oder Papier überzogen ist. In diese Buchdecke wird der Buchblock eingehängt. Die Buchdecke dient zum Schutz des Buches.

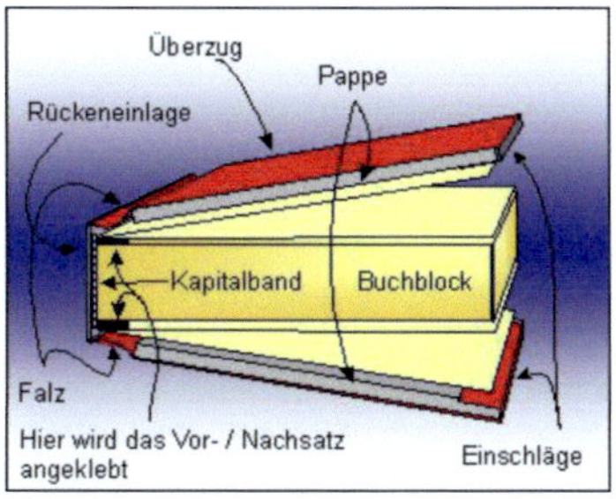

Buntheit: Kennzeichnung für den Grad der Farbigkeit unter Berücksichtigung der Helligkeit. Die helligkeitsunabhängige Farbigkeit heißt Sättigung. Bei gleicher Buntheit nimmt die Sättigung mit abnehmender Helligkeit zu.

Buntton: Identisch mit dem Begriff Farbton, wird in der offiziellen deutschen Farbmetrik-Terminologie dem Begriff Farbton vorgezogen.

Bus: Ein Bus ist ein Leitungssystem zur Informationsübertragung zwischen mehreren Geräten oder zwischen den einzelnen Baugruppen eines Systems.

Byte: Kleinste, aus 8 Bit bestehende, im Speicher eines Computer adressierbare Einheit.

C

CAP: Computer-Aided Publishing bzw. Computer-Assisted Publishing, computerunterstütztes Publizieren.Herstellen von gestalteten Dokumenten am Computer, die über Print- oder elektronische Medien verbreitet werden.

Cascading Stylesheets: siehe CSS

CCD: charge-coupled device = ladungsgekoppelter Halbleiterbaustein Sensoren, die Licht in elektrische Ladungen umwandeln und in einem bestimmten Takt ausgelesen werden. Beim Scanner als Zeile (CCD-Zeile), in Videokameras und Digitalkameras als Flächenchip aufgebaut.

CGI-Skript: Common-Gateway-Interface. CGI ist eine standardisierte Schnittstelle, um Daten aus HTML-Formularen auf dem Server des Providers verarbeiten zu können. Ein CGI-Skript ist das ausführende Programm, das sehr häufig in der Programmiersprache Perl geschrieben wird. CGI-Skripte werten Daten aus, schicken Antworten im HTML-Format zurück oder leiten die Daten als E-Mail an einen Sachbearbeiter beim Anbieter weiter.

CI - Corporate Identity: ist der abgestimmte Einsatz von Verhalten, Kommunikation und Erscheinungsbild nach innen und außen. Basis dafür ist das Unternehmensleitbild, welches durch die Corporate Identity mit Leben gefüllt wird.

CIE: Internationale Kommission für Beleuchtungskriterien. Gremium internationaler Wissenschaftler, das viele Standards für die Messung von Licht und Farben entwickelt hat.

Glossar

CIE Farbraum: Geräteunabhängiger Farbraum, der jede darzustellende Farbe durch ihre Normfarbwerte Y,x,y beschreibt

CIE-Lab: Geräteunabhängiger Farb¬raum zur Darstellung nahezu aller sichtbaren Farben. Der CIE-Lab-Farbraum dient als geräteunabhängiger Basis-Farb¬raum für Farbmanagement-Systeme.. Die Abstände zwischen Farborten im CIE-Lab-Farbraum entsprechen dem vom menschlichen Betrachter Wahrgenommenen Farbunterschieden. Dient als Berechnungs-Farbraum im Color Management. Die Buchstaben bezeichnen drei Achsen: „L"= Luminanz für die Helligkeitsachse, „a" bezeichnet die Achse Rot-Grün, „b" die Achse Blau-Gelb.

CIE-XYZ: Der Farbraum CIE-XYZ ist visuell nicht gleich abständig. Nahezu identische Farben liegen im Farbraum weit auseinander. CIE-Lab und CIE-Luv sind eine Weiterentwicklung von CIE-XYZ.

CIM (Computer Integrated Manufactoring): Computerintegrierte Fertigung von Produkten.

CIP: Computer Integrated Processing, Definition von Steuerungs- und technischen Management-Prozessen für den gesamten Workflow der Printmedienproduktion.

CIP4: (=International Corporation for Integration of Processes in Prepress, Press and Postpress) Konsortium von Anwendern und Herstellern aus Druck, Druckvorstufe und Druckweiterverarbeitung, das die Standards für den Einsatz des JDF (Job Definition Ticket) festlegt.

City lights Plakate : Um eine optimale Farbbrillanz bei der Durchleuchtung zu erreichen, wird ein 4/3-farbigerDruck empfohlen, d.h. 4-farbige Vorder- und 3-farbige Rückseite. So wird ein diaähnlicher Effekt des Plakatmotivs erzielt. Sollten entgegen der Empfehlung Plakate ohne Rückseitendruck angeliefert werden, muss die Rückseite weiß sein. Das Papier sollte mindestens 135 gramm bis 150 gramm betragen um gewährleisten zu können,das eine ausreichend hohe Opazität gewährleistet ist,damit die Überklebenden Ränder nicht Druchscheinen.Das Papier muss in allen teilen immer die teilen die gleiche Laufrichtung haben,nämlich die Faser muss längs zur Motivseite laufen.Die eingesetzten Farben sollten mindestens mit einer Wollskala von 6 besser 8 gedruckt werden, damit ein vorzeitiges ausbleichen verhindert wird.

Client: Arbeitsplatz mit Zugriff zum Server.

Client-Server-Netzwerk: Netzwerk, bei dem die Daten, mit denen alle angeschlossenen Rechner arbeiten, auf einem zentralen Rechner lagern und bei Bedarf von den Arbeitsplatzrechnern, den ¬Clients, genutzt werden.

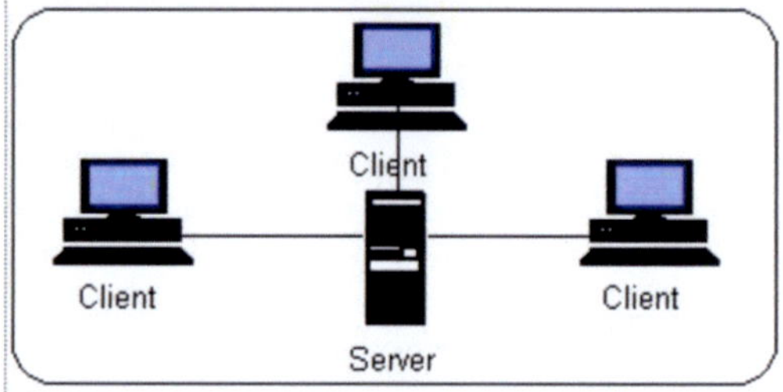

Clip-art: In unterschiedlichen Datenformaten angebotene Sammlungen digitalisierter Fotos, Grafiken oder Logos.

Clipping: Die Umwandlung aller Tonwerte, die heller als eine bestimmte Graustufe sind, in Weiß bzw. aller Tonwerte, die dunkler als eine bestimmte Graustufe sind, in Schwarz, was einen Verlust an Detailschärfe zur Folge hat. Dies gilt auch für die einzelnen Kanäle in einem Farbbild.

CM-Systeme: siehe Content-Management-Systeme

CMM: Color Matching Method oder Color Management Module. Programm, das für die Farbumrechnung mit Hilfe der ICC-Profile zuständig ist, z.B. Apple ColorSync (Mac), ICM (Windows). ->Color Management System.

CMYK: Cyan, Magenta, Yellow, Key (Schwarz). Geräteabhängiger Farbraum im Druck. Cyan, Magenta und Gelb sind die Grundfarben der subtraktiven Farbmischung. Schwarz muß hinzugefügt werden, da aus den Farben Cyan, Magenta und Gelb kein reines Schwarz erzeugt werden kann..

Coated: Beschichtet.

Codec: Ein Modul beziehungsweise ein Plug-in zum Kodieren und Dekodieren von Text-, Bild-, Audio- und

Videodaten. Der Codec kommt in verschiedenen Anwendungen zum Einsatz, vor allem im Videobereich, zum Beispiel in Quick Time VR

Color Management System (CMS): Farbkalibriersystem, mit dessen Hilfe die unter-schiedlichen Farbräume von ein- und Ausgabegeräten aneinander angepaßt werden, mit dem Ziel, eine einheitliche Farbausgabe auf allen Geräten zu erzielen.

Composing: Das elektronische Zusammenstellen einer neuen Bilddatei mit neuem Motiv aus verschiedenen Bildern oder Bildteilen, die durch gekonnt simulierte Licht- und Schatteneffekte wie ein Original wirken.

Composite-Datei: Datei, die noch nicht in einzelne Farbauszüge zerlegt (separiert) ist. Enthält die Informationen über die Farbauszüge in einer einzigen Datei. Bei einem PDF-Workflow wird meist die Anlieferung von Composite-PDF-Dateien bevorzugt. Zur späteren Ausgabe der Farbauszüge auf Film- oder Plattenbelichter wird die Composite-Datei separiert. Composite-Dateien lassen sich in der digitalen Vorstufe leichter handhaben, da etwaige Korrekturen nur an einer Stelle, nicht an jedem Farbauszug einzeln, durchgeführt werden müssen.

Compu Serve: Kommerzieller Datendienst, der eine Vielzahl von Informationen und Diskussionsforen zu allen erdenklichen Themen bereitstellt.

Computer Publishing: Das mediengerechte (Print- oder elektronische Medien) Erstellen bzw. typografische/grafische Aufbereiten von Dokumenten an Arbeitsplatzrechnern (PC, Mac, Workstation), und entsprechendes Verbreiten der Dokumente.

Content-Management-Systeme (CMS): Content: dt. Inhalt. Content-Management-Systeme sind komplexe Softwarelösungen für die Erstellung, Kontrolle, Freigabe, Veröffentlichung und Archivierung von Inhalten für Websites. Schwerpunkt ist die Pflege von Internetseiten mit häufig zu ändernden Inhalten und hohem redaktionellem Aufwand. Besonderer Wert wird bei CMS auf eine medienneutrale Datenhaltung gelegt. So kann ein Inhalt auf Wunsch beispielsweise als PDF- oder als HTML-Dokument abrufbar sein; die Formate werden gegebenenfalls erst bei der Abfrage aus der Datenbank generiert.

Cookie: Ein Cookie im Internet ist eine Information, die von einem Web-Server zu einem Web-Browser geschickt wird, damit der Browser für weitere Anfragen an den Server dieses wieder zurückschickt. (Beispiel: Paßwort.) Wenn der Server von einem Browser eine Anfrage mit einem Cookie erhält, wird sein Inhalt für die Anfrage verwertet.

Corporate Design: Corporate Design bzw. Unternehmenserscheinung bezeichnet einen Teilbereich der Unternehmensidentität (corporate identity) und beinhaltet das gesamte Erscheinungsbild eines Unternehmens oder einer Organisation. Dazu gehören sowohl die Gestaltung der Kommunikationsmittel (Firmenzeichen, Farben, Geschäftspapiere, Werbemittel, Verpackungen, Internetauftritt und andere) als auch das Produktdesign. Auch die Architektur wird bei einem durchdachten Corporate Design mit einbezogen.

CRD - Color Rendering Dictionary: Pendant zu einem Color Management Ausgabeprofil in PostScript Level II und PostScript 3. Beschreibt den Farbraum des angeschlossenen Druckers und wird im RIP z.B. für die Umwandlung von RGB Daten genutzt.

Cromalin: Ein analoges Proofverfahren, mit dem sich das Produktions-ergebnis eines Offsetdrucks

vorab prüfen lässt. Basis für das Cromalin sind Offset-druckfilme. Mit einem Laminatverfahren werden auf eine spezielle Trägersubstanz dieDruckfarben (Cyan, Magenta, Gelb und Schwarz)

nacheinander aufgebracht. Im Gegensatz zumAndruck besteht beim Cromalin-verfahren keine freie Wahl des Trägermaterials.

Cross Media (Publishing): Publizieren von Daten für verschiedene Ausgabemedien, z.B. Druck, Internet oder CD. Ziel ist es, die Daten nur einmal vorzuhalten und in einem neutralen Basisformat strukturiert zu speichern. Diese Daten werden dann für das jeweilige Ausgabemedium umgewandelt, mittels Layout-Vorlagen formatiert und publiziert. Beispiel: Als Basis sind Bilddaten im RGB-Modus mit 300 dpi Auflösung gespeichert. Für den Druck werden die Daten in 300 dpi-CMYK-Daten umgewandelt, für die Ausgabe im Internet werden die Daten in 72 dpi-RGB-Daten konvertiert.

CSS: Cascading Stylesheets. Ein Verfahren innerhalb einer HTML-Programmierung, bei dem der Anwender Formatierungsvorgaben in Formatvorlagen (Style¬sheets) festlegt, die jeweils aufeinander aufbauen. Auf diese Weise lassen sich pauschale Layoutänderungen für Dokumente oder Websites sehr effizient vornehmen.

CTP: Abk. für "Computer-to-Plate". Direktes Belichten oder Bebildern von Offsetdruckplatten in einem Belichter (CTP-System).

CTR: Click-through-rate: Die Klickrate mißt den prozentualen Anteil der Besucher einer Web-Site, die auf einen Werbebanner und den dort enthaltenen Link klicken.

D

Database Publishing: Dt. datenbank¬gestütztes Publizieren. Daten werden in einer Datenbank (oder einem Content ¬Management System) strukturiert ge¬speichert und mittels Layout-Vorlagen ¬automatisch formatiert. Besonders bei umfangreichen Dokumenten mit gleichbleibender Layoutstruktur ergibt sich eine starke Verkürzung der Produktionszeit bei der Layouterstellung.

Datenaustauschformat Speicherform ("Speichersprache"), die von verschiedenen (unabhängigen) Programmen gleichermaßen verstanden und richtig interpretiert werden kann. "Übersetzungs-Code" zwischen Programmen, Plattformen, Funktionalitäten.

Datenbank: systematische Sammlungen von Daten. Zur Verwaltung und Nutzung der Daten benötigt man ein Datenverwaltungs-system. Datenbank und Datenverwaltungssystem heißen zusammen Datenbanksystem. DBMS= Data Base Management System;

Relationale Datenbank

Der Begriff Relation (Beziehung) steht allgemein für alle Formen von Beziehungen und Abhängigkeiten von Objekten und Daten untereinander. Bei relationalen Datenbanken werden die einzelnen Daten in Datenfeldern gespeichert, die zu Datensätzen zusammengefasst sind. Mehrere gleichartige Datensätze bilden eine Relation oder Tabelle. Miteinander in Beziehung stehende Relationen bilden sodann die relationale Datenbank.

Wichtig: Redundanzfreiheit, Eindeutigkeit, Prozessdatenfreiheit, Erweiterbarkeit, Flexibilität, Datensicherheit, Datenschutz, Benutzerfreundlichkeit

Datenformat: Codierte Struktur und Anweisungen für die Behandlung von Dateien

Datenformat: Genormtes Format, in dem Daten abgespeichert und wieder geöffnet werden können.

Datenkompression: Verdichtung von gespeicherten Daten durch Algorithmen zur Verringerung der Übertragungszeiten und Einsparung von Speicherplatz.

Daten-Preflight: Kontrolle digitaler Druckdaten auf Vollständigkeit und Integrität hinsichtlich der späteren Druckausgabe.

Dient zum Abfangen poten-tieller Fehler, die zu teuren Fehldrucken führen können.

DCS: Abk. für "Desktop Color Seperation". Sog. Fünf-File-EPS. Eine EPS-Speicherform, bei der neben den vier Farbauszügen ein File für die Platzierung der Bilder im Layout angelegt wird.

Dekomprimierung: Die Wiederherstellung eines komprimierten Bildes auf seine volle Dateigröße.

Delta-E-Wert (ΔE): Maß für einen Farb¬unterschied, z.B. bezüglich der Wiedergabe eines Farbtons in Vorlage und Druck, in Proof und Druck oder in aufeinanderfolgenden Drucken. In der grafischen Industrie werden die 1976er CIE-Lab-Formel, das 2°-Gesichtsfeld und ein Tageslicht mit 5000 Kelvin zugrunde gelegt.

Densitometer: Messgerät zur Messung der Schichtdicke des Farbauftrags der vier Druck-Grundfarben (Cyan,Magenta, Gelb, Schwarz). Je stärker ein Farbauftrag ist, umso weniger des ausgesandten Lichts wird reflektiert. Daraus wird ein logarithmischer Wert ermittelt, der den Reflektionsgrad und damit die Stärke des Farbauftrags ausdrückt. Farben können nur mit Hilfe optimierter Farbfilter erkannt werden.

Desktop Publishing (DTP): "Publizieren auf dem Schreibtisch" Text- und Bildverarbeitung mit PC, geeigneter Software, einem Scanner sowie einem Laserdrucker. "Druckseiten" werden am Bildschirm gestaltet und über den Laserdrucker als Einzelexemplar oder Kleinauflage ausgegeben, können später gedruckt werden.

DFÜ: Abk. für "Datenfernübertragung". Versendung von Computerdaten über öffentliche Netze.

Digitaldruck: Sammelbezeichnung für eine Reihe von Techniken, bei denen keine physikalische Druckform für die Vervielfältigung oder den Druck eines Dokumentes oder Inhaltes notwendig ist. Vertreter sind elektrofotografische Verfahren, Inkjet, Magnetfotografie, Thermosubliation etc. Druckverfahren, bei denen der Druckträger mit Hilfe der Laserstrahltechnik vorwiegend elektromagnetisch im Druckzylinder aufgezeichnet wird.Mehrfarbhochleistungssy-steme z.B. von Heidelberg IBM, Indigo, Océ, Xeikon, Xerox etc.

Digitalproof: Simulation eines konventionellen Druckverfahrens mit Hilfe digitaler Drucker. Dabei kommen in erster Linie Tintenstrahldrucker, in seltenen Fällen auch tonerbasierte Drucker zum Einsatz. Die Berechnung der Farbdaten erfolgt über ein vorgeschaltetes Post Script RIP.

DIN: Deutsches Institut für Normung e.V. Das DIN ist die zuständige Normierungs-Institution in Deutschland und erstellt technische Regeln, die als Normen veröffentlicht werden. Die Einhaltung von DIN-Normen kann vertraglich verbindlich geregelt oder als Maßstab für richtiges Verhalten benutzt werden (z.B. bei Rechtsstreitigkeiten).

Direct Imaging: Technologie, bei der die Druckplatten direkt in

der Druckmaschine statt in der Vorstufe bebildert werden. Dieses Verfahren wurde 1991 von der Heidelberger Druckmaschinen AG auf den Markt gebracht.

Direktdruck: Im Textildruck gebräuchlicher Begriff, wenn Farben entweder auf die Materialien direkt aufgegossen, mittels Düsen aufgesprüht oder mittels Siebdruckschablonen aufgetragen werden.

Direktmarketing: Personalisierte Form der Kundenansprache mit individuell zusammengestellten Daten für jeden einzelnen Kunden.

Distiller: Acrobat Distiller ist ein Modul des Programmes Acrobat von Adobe, das PostScript-Daten in PDF umwandelt.

Dithering: Dt. schwanken, zittern. Zerlegen eines elektronisch gespeicherten Halbtonbildes in zufallsverteilte Rasterbilder (Streuraster, frequenzmodulierter Raster oder FM-Raster). Im Druck werden FM-Raster insbesondere für die Wiedergabe schwieriger Sujets mit feinen Details (Textilien, Teppiche, Möbel etc.) gewählt.

Dot: Kleinstes auf Ausgabegeräten Druckern oder Belichtern darstellbares grafisches Element (auch als Punkt bezeichnet).

Downsampling: Dt. Datenreduktion. Reduzierung der durch den Farbscanner bestimmten Bit-Tiefe einer Bilddatei zwecks Anpassung an die zumeist geringere Bit-Tiefe des Ausgabegerätes, typisch ist die Reduzierung von 10 bis 16 Bit je Farbkanal R, G, B des Scanners auf 8 Bit je Farbkanal C, M, Y, K des Belichters. Mit dem 1997 eingeführten PostScript 3, das die 16-Bit-Rasterung unterstützt, können das Downsampling und dadurch verursachte Qualitätsverluste vermieden werden. Unter Downsampling versteht man auch das Reduzieren einer höheren Auflösung in eine niedrigere.

Dpi: Dots per inch, Maßeinheit für die Auflösung von Druckern, Belichtern oder Bildschirmen. Bezeichnet die Anzahl von Bildpunkten pro Längeneinheit. Ein Belichter mit 2540 dpi Auflösung belichtet 2540 Punkte auf einer Länge von 1 inch. Das entspricht zirka 1000 Punkten pro cm

Drahtheftung / Drahtrückstichheftung: Heftung mittels Draht durch den Rücken einer Broschur mit Klammerschluss im Heftinnern.

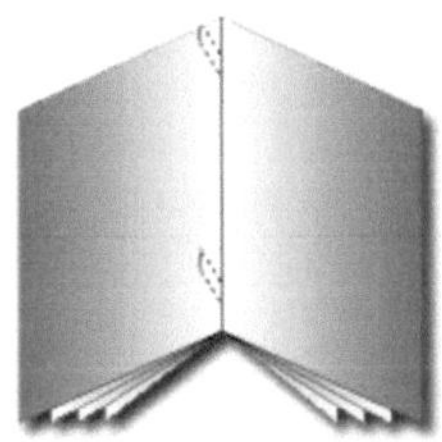

Dreimesserautomat/Dreischneider: Maschinenteil des Sammelhefters in der Bindestraße, der Buchblock

oder Broschur samt Umschlag von drei Seiten gleichzeitig schneidet. Lediglich der Rücken wird nicht geschnitten.

Druckbogen: Der Druckbogen ist das Endprodukt der Seitenmontage und entspricht in der Größe dem genutzten Papierformat respektive bei Rollendruckmaschinen den beschnittenen Papierbahnen.

Druckfarben: Im Offsetdruck werden ölbasierte Farben verwendet mit diversen Zusätzen, um die Farben haltbarer und besser verarbeitbar zu machen. Im Digitaldruck werden tinten- oder tonerbasierte Farben verwendet.

Druckfarbentrocknung: physikalisch = wegschlagen, verdunsten; chemisch = oxidativ, UV-Trocknung

Druckkennlinie: gibt die Abweichung der Größe des gedruckten Punktes vom Punkt auf dem Film bzw. Der Platte an; wichtig zum Abgleich zwischen An- und Fortdruck; wird zur Korrektur des Belichters benutzt.

Druckkontrollstreifen: Vierfarbige genormte Präzisionsmeß- oder Druckkontrollstreifen, mit denen sich Parameter wie Graubalance, Paßgenauigkeit und Farbdichte in Proof und Druck überwachen lassen. Sie werden als Referenz mitgedruckt.

Drucklack: farblose Lackschicht (matt oder glänzend), die mit einer normalen Druckmaschine aufgebracht wird; erhöht die Abriebfestigkeit und den Glanz des Druckproduktes.

Drucknutzen: Anzahl der Exemplare, die auf einen Druckbogen plaziert sind.

DSL: Eine Verbindungstechnik, mit der über kurze Verbindungen (ca. 5 km) Daten mit bis zu 6 Mbps (Download) bzw. 0,6 Mbps (Upload) übertragen werden können. Bei allen Varianten dieser Technik (ADSL = Asynchronous oder Asymmetric DSL, R-ADSL = Rate-Adaption DSL, HDSL = High DSL, VDSL = Very High DSL, SDSL = Symmetric DSL) werden spezielle Modems an Kupferdraht-Standleitungen (herkömmliche Telefonleitungen) betrieben.

DTP: Desktop Publishing. Allgemein anerkannter Begriff für die PC-basierte Herstellung von Publikationen (Satz, Grafik, Bild)

Duplexdruck: Druckverfahren, bei dem ein Monochrom-Foto mit zwei Farben gedruckt wird, um einen größeren Tonwertumfang zu erhalten oder eine spezielle Bildwirkung zu erzielen.

Durchschuß: Zwischenraum zwischen zwei Zeilen

Duplex: Zweifarbiger Druck, wobei die zweite Farbe zur optischen Unterstützung und Erzielung von Effekten verwendet wird (keine Real-Farb-Abbildung).

DVD: Typ Optisches Speichermedium Abk. für "digital versatile disc", nicht etwa für "digital video disc". "Versatile" bedeutet vielseitig. Kapazität 4,7 GB (Single Layer), 8,5 GB (Dual Layer). Lebensdauer ca. 10 Jahre. Der Durchmesser einer DVD beträgt 12 cm. Die Scheibe ist 1,2 mm dick und wiegt zwischen 13 und 20 Gramm. Das Loch in der Mitte muss mindestens 15 mm groß sein. Es darf nicht enger, aber 0,15 mm weiter sein. Die Daten auf einer DVD werden in Erhöhungen (Pits) und Vertiefungen (Lands) in der Reflektionsschicht gespeichert.

.Um die doppelte Speicherkapazität zu erreichen wird auf die Aluminiumschicht einer 4,7-GB-DVD eine zweite transparente Schicht aufgetragen ,die unsichtbar sein muss ,damit die darunter liegende Schicht noch lesbar ist. Sind die oberen Daten gefragt, stellt die Optik darauf scharf. In der oberen durchsichtigen Schicht lassen sich allerdings weniger Datenmengen unterbringen. Die obere transparente Schicht kann„nur" 3,8 GB speichern. Sind beide Schichten (4,7 und 3,8 GB) einer DVD vollständig beschrieben erh;ht sich damit die maximale Speicherkapazitaet auf etwa 8,5 GB pro Seite -Diese Speichermenge ist ausreichend für ein 240 Minuten langes Video in Kinoqualitaet..

Dynamic Fonts: Vom Software-Hersteller Netscape in Anlehnung an Dynamic HTML benanntes

Verfahren zur Einbettung von Schriften in Web-Dokumente. Es beruht auf der True-Doc-Technologie des Unternehmens Bitstream. Dynamic Fonts gewährleisten die korrekte Darstellung einer Web-Seite, da alle für die Gestaltung der Seite genutzten Schriften gleichzeitig mit der Web-Seite auf den Rechner des Nutzers übertragen werden.

Dynamic HTML: Eine Kombination aus mehreren Techniken, unter anderem HTML, Cascading Style Sheets, Scripting und objektorientierter Programmierung, die zusammen eingesetzt werden, um Webseiten zu gestalten. Dynamic HTML erlaubt es dem Entwickler von Webseiten, die Darstellung einer Seite zu ändern, indem er ein Style Sheet anpaßt, und indem er auf die Eigenschaften, Methoden und Ereignisse für die HTML-Elemente zugreift, um diese Elemente dynamisch oder statisch zu positionieren oder ihr Erscheinungsbild zu ändern.

E

EBV: Elektronischen Bildverarbeitung Systeme zur Bildbearbeitung, -kombination bzw. Manipulation.

Echtfarbendatei: Auch Truecolor File.häufig verwendeter Begriff für eine Farbbilddatei, die nach der Erzeugung bzw. Bilderfassung in einem RGB-Dateiformat mit je 8 Bit für die drei Farbkanäle vorliegt.

ECI (European Color Initiative): Zusammenschluß von Fach-leuten, die sich mit der medienneutralen Verarbeitung von Farbdaten in digitalen Publikationssystemen beschäftigt. Wurde 1996 auf Initiative der Verlagshäuser Bauer, Burda, Gruner+Jahr und Springer gegründet. Im Januar 2000 hat die ECI Richtlinien für die medienneutrale Verarbeitung von Farbdaten veröffentlicht.

ECI-RGB: Von der ECI empfohlener Farbraum, der für den Austausch und die Bearbeitung von Farbdaten Verwendung finden soll. ECI-RGB umfaßt die Farbräume der gängigen Druckverfahren und ist visuell gleich abständig, d.h., stark unterschiedliche Farbtöne liegen auch innerhalb des Farbraumes weit auseinander.

ederMCS (Multi-Color-Separation): Methode und Software zur Erweiterung des CMYK-Farbraumes beim Offsetdruck.

EDI: Electronic Data Interchange. Datenübertragung in standardisierten Nachrichtenformaten, zum Beispiel zwischen Autoherstellern und ihren Zulieferern. Sender und Empfänger sind EDV-Anwendungen, so daßdie EDI-Nachrichten direkt weiterverarbeitet werden können.

Effektivität: Die richtigen Dinge tun.

Effektive Auflösung: Die effektive Auflösung eines Scans kann deutlich höher sein als die optische Auflösung des verwendeten Scanners. Grund: Die erfaßten Punkte werden dabei mit zusätzlichen, mit Hilfe von Interpolation gewonnenen Pixeln kombiniert.

Effizienz: Die Dinge richtig tun.

Eindeutigkeit: Jeder Datensatz bzw. jedes Datenfeld kann eindeutig über einen Schlüssel identifiziert werden. Eindeutig müssen in Relationale Datenbanken die Datensätze sein und die einzelnen Spalten(Attribute) innerhalb einer Relation

Einrichten: alle Arbeitsvorbereitungen an Maschinen.

einstecken: Bei dieser Form der Sammelverfahren werden Druckbogen ineinander gesteckt, beispielsweise, um einem Druckprodukt Beilagen beizufügen. Hierzu werden Einsteckmaschinen verwendet.

Einteilungsbogen: Vorlage für genaue Plazierung von Texten und Bildern bei der Montage, die außerdem Angaben für Druck und Druckverarbeitung enthält.

Einzug: Einrücken der jeweils ersten Absatzzeile nach rechts zum besseren Erkennen des neuen Absatzes.

Elliptischer Punkt: Rasterpunkt mit elliptischer statt runder oder quadratischer Form. Hiermit lassen sich in vielen Fällen bessere Farbtonabstufungen erzielen.

Emulsion: Gemisch von Farbe und Feuchtmittel, wobei das Feuchtmittel in kleinen, gleichmäßig verteilten Tröpfchen in der Farbe verteilt ist.

Endformat: fertig beschnittenes Format eines Druckproduktes.

Englische Broschüre: Bindeart, bei der der

Buchblock auf dem Rücken mit dem Umschlag verklebt wird. Der Umschlag hat jedoch auf beiden Seiten Einschlagklappen und ist seitlich etwas länger als der Buchblock.

EPS: Encapsulated PostScript - auf dem PostScript Standard aufbauendes Dateiformat.

Ethernet: Weit verbreitete Netzwerk-Technologie, um Rechner miteinander zu verbinden. Ethernet wird meist für lokale Firmen-Netzwerke verwendet. Es ist ein Busnetz, das beliebige Verzweigungen haben kann, also sehr flexibel an die jeweilige Situation angepaßt werden kann.

Euroskala: genormte CMYK-Farbskala für den 4-Farb-Offsetdruck

EVA-Prinzip: Eingabe – Verarbeitung – Ausgabe

Extranet: Erweitertes Intranet, mit dem ein Unternehmen beispielsweise seine Kunden ins Netzwerk einbinden kann.

F

Fadenheftung: qualitativ beste Bindetechnik für Bücher; mehrfach gefalzte Druckbogen werden im Rücken mit dem folgenden Bogen zu einem Buchblock mit einem Faden vernäht.

Fadensiegelheftung: Bindeverfahren, das bei hochwertigen Büchern zum Einsatz kommt. Im Gegensatz zur Fadenheftung wird jeder Falzbogen mit einem Faden in sich geheftet und die einzelnen Bogen nicht miteinander verbunden. Die Fadenenden werden am Bund der Bogen miteinander versiegelt. Dieses Verfahrenist preisgünstiger, bietet aber dennoch eine hohe Festigkeit.

Falz: In der Buchbinderei ist der Falz ein scharfer Bruch (eine Knickkante) bei Papieren, der mit Hilfe eines Werkzeugs oder einer Maschine erzeugt wird.

Falzarten: Einbruchfalz, Wickelfalz, Zickzackfalz, Fensterfalz, Altarfalz, Kreuzbruchfalz, Parallelfalz.

Falzkleben: Bindeart, die hauptsächlich bei der Produktion von Mailings und Broschuren eingesetzt wird, beispielsweise zur Her-stellung von Hüllen, Umschlag-taschen oder Briefkuverts. Es gibt spezielle Finishinganlagen mit Einrichtungen zum Falzkleben, aber auch Falzmaschinen mit Klebe-Zusatzeinrichtungen.

Falzmaschine: Weiterverarbeitungsmaschine, die die Druckbogen falzt. Kombination mit Rill-, Nut- und Perforierarbeitsgängen bei einem Maschinendurchlauf möglich.

FAQs: Frequently Asked Questions.Dateien, Textabschnitte oder Newsgroups, in denen zu dem jeweiligen Thema häufig gestellte Fragen beantwortet werden.

Farbabstand: Distanz zwischen zwei Farborten in einem visuell gleich abständigen Farbraum (CIE-Lab)

Farbauszüge: Sie sind das Ergebnis einer „Farbseparation".Im Vier-farbdruck gibt es die Farb-auszüge Cyan, Magenta, Gelb (Yellow) und Schwarz (Black). Die Farbauszüge können in Form von digitalen Daten, Druckfilmen oder -platten vorliegen.

Farbdichte: logarithmische Maßzahl für den Anteil des nicht zurückgeworfenen Lichts.

Gebrochene Farben: Werden reine Farben mit gesättigten Komplementärfarben versetzt, so spricht man von gebrochenen Farben

Getrübte Farben: Gibt man den gesättigten Farben Weiß oder Schwarz bei erhält man getrübte Farben

Farbkalibrierung: Zur korrekten Reproduktion von Bildern im Druck sollten sämtliche eingesetzten Geräte, etwa Farbbildschirm und Grafikkarte, Farbdrucker und Belichter, aufeinander abgestimmt sein, so daß sie numerisch festgelegte Werte für Cyan, Magenta, Gelb und den Schwarzanteil übereinstimmend darstellen.

Farbkeil/Messstreifen: Ein Farbkeil für den Offset-druck beinhaltet Messfelder mit Dichtewerten zwischen 0% bis 100% Deckung für jede Druckfarbe. Die Farbwerte definieren die Menge der jeweils vom Druckwerk aufgetragenen Farbe und werden zur Kontrolle mit einem Densitometer gemessen. Abweichungen in der Stärke des Farbauftrages entscheiden darüber, ob eine Kalibrierung des Druckwerks bzw. der Farbsteuerung notwendig ist. Moderne Farbkeile, wie der Medienkeil, dienen nicht zur Messung des Farbauftrags, sondern zur Überprüfung der Farb-genauigkeit (Farbort) und werden mit Spektralphotometern ausgemessen.

Farbkontrast: Als Farbkontrast bezeichnet man die wahrgenommene Wechselwirkung unterschiedlicher Farben. .

- Komplementärkontrast Der Komplementärkon trast ist ein starker Kontrast zweier Farben, die sich im Farbkreis gegenüberliegen. Tendenz zum Flimmern.
- Simultankontrast Liegt vor wenn der innen liegen de Farbton von der Umgebungsfarbe beeinflusst wird, und zwar in komplementärer Richtung.
- Quantitätskontrast Besagt das die wirkung einer Farbe von der Größe der farbfläche zur Umge bungsfarbe abhängig ist
- Kalt Warm Kontrast Eine Kalte Farbe wie Blau oder Grün steht einer warmen wie Gelb oder Orange gegenüber, wobei die warme Farbe in den Vordergrund tritt.

Farbmetrik: Quantitative Bewertung von Farben und Beziehungen zwischen farbmetrischen Größen

Farbort: Geometrischer Ort für eine Farbvalenz im Farbraum oder auf einer Farbtafel.

Farbperspektive: Basiert auf dem Kalt Warm Kontrast. Objekte in warmen Farbtönen erscheinen dem Betrachter immer näher als Objekte mit kalten Farben

Farbprofil: Datei, basierend auf Messwerten, welche den Umfang der darstellbaren Farben eines digitalen Ein- oder Ausgabegerätes (Farbumfang), beschreibt. Wird im Color Management für Farbberechnungen verwendet.

Farbraum: Beschreibung der von einem digitalen Ein- oder Ausgabegerät darstellbaren Farben. Wird mit Hilfe von Farbmessungen ermittelt und in einem Farbprofil festgehalten. Mit Hilfe des Farbprofils können im Color Management Farb-berechnungen durchgeführt werden.Es gibt auch geräteunabhängige Farbräume, z.B. Lab, die das Spektrum der, für einen menschlichen

Betrachter wahrnehmbaren Farben beschreiben.

Farbraumtransformation: Übertragung von Farbwerten aus einem Farbmodell in ein anderes. Das ist z. B. notwendig im Laufe eines grafischen Produktions-prozesses, wenn Farbwerte von Eingabegeräten (Scanner, digitaleKamera) in das Farbmodell eines Ausgabe-gerätes (Monitor, Drucker) übertragen und an dieses angepaßt werden müssen. Im Color Management erfolgt eine Farbraumtransformation auf Basis von ICC-Profilen mit Hilfe der Rendering Intents. Die notwendigen Berechnungen führt die CMM durch. Häufigste Anwendung ist die Umwand-lung von RGB- in CMYK-Werte bei der Farbseparation.

Farbrauschen: Bezeichnet eine nicht korrekte Wiedergabe farblicher Bildinformationen, z.B. Punkte auf einer eigentlich weißen Fläche.

Farbseparation: ist das Errechnen einzelner (separierter) Druckfarben, meist in der Druckvorstufe. Sie ist notwendig, weil Farbinfor-mationen meist nicht in der Form vorliegen, wie sie im Druck gemischt werden.

Farbtemperatur: Beschreibt die Farbe einer Lichtquelle, gemessen in Kelvin. Für die Farbabstimmung werden Norm-Lichtarten empfohlen, die einer bestimmten Farbtemperatur entsprechen, z.B. 5000 Kelvin, 6500 Kelvin.

Farbraum: Modell zur zahlenmäßigen Beschreibung von Farbe. Farbräume sind z.B. CMYK, RGB und Lab

Farbreihenfolge: festgelegte Reihenfolge, in der die Farben auf das Papier gedruckt werden; im Offsetdruck: Schwarz, Cyan, Magenta, Gelb

Farbtiefe: Die Anzahl der verwendeten Bits zur Wiedergabe jedes einzelnen Pixels in einem Bild. Die Farbtiefe bestimmt den Farb- bzw. Tonwertumfang. Ein Schwarz-Weiß-Bild besitzt eine Farbtiefe von 1 Bit (schwarz oder weiß). Bei Farbbildern bedeutet eine Farbtiefe von 24 Bit eines RGB-Bildes, daß jede Farbinforma¬tion eines Farbkanals (Rot, Grün oder Blau) mit 8 Bit definiert wird. Insgesamt sind (3 x 2)^8 Bit = 16,7 Mill. Farbabstufungen speicherbar.

Farbwirkung:

- Harmonieren die Farben bzw. in welchem Farbkontrast stehen sie zueinander
- Welche psychologische, traditionelle, kulturelle Aussage haben die gewählten Farben? Passt diese zur Aufgabenstellung (Firma Produkt Zielaussage

- Lässt sich die Farbe in allen Medien adäquat umsetzen (Print Internet Fernsehen......)

Feedback: Mitteilung an eine Person, die diese darüber informiert, wie ihr Verhalten vom Anderen wahrgenommen, verstanden und erlebt wird.

Feindaten: Bilddaten mit einer für den Druck ausreichend hohen Auflösung. Die Feindaten werden für die Ausgabe auf Film-, Plattenbelichtern oder Digitaldruckmaschinen benötigt, um die erforderliche Qualität zu erreichen. Vor der Ausgabe kann mit Grobdaten gearbeitet werden, um die Datenmenge zu verringern und die Verarbeitung zu beschleunigen.

Firewall: Software, die als Sicherheitseinrichtung für einzelne Rechner oder Netzwerke dient, die Verbindung zum Internet haben. Dadurch soll verhindert werden, daß Viren eindringen oder unerlaubte Zugriffe in das geschützte System erfolgen können. Es gibt auch Firewalls auf Hardwarebasis in Routern oder Proxys

FireWire: Von Apple und Texas Instrument entwickelter Schnittstellenstandart (serieller Bus, auch als IEEE 1394 oder iLink bezeichnet) mit hoher Transfergeschwindigkeit für den Datenaustausch zwischen Rechner und Peripheriegeräten.

Flächendeckung: Verhältnis der Flächendeckung (mit Bildelementen bedeckte Teilflächen zur Gesamtfläche Er wird meist in % angegeben.

Flash: Quasi-Standarddatenformat von Adobe für animierte Vektorgrafiken im Internet. Die Version 4 eröffnete Webdesignern außerdem weitere Möglichkeiten der multimedialen Gestaltung von Inter¬net¬seiten – nämlich Interaktionsmöglichkeiten, Sound und Animationen. Zur Darstellung ist das kostenlose PlugIn Flash-Player notwendig. Das Dateiformat ist SWF (Shockwave Flash)

Flattermarken: Auf dem Druckbogen aufgedruckte kleine Balken, die nach dem Falzen des Bogens im Bogenrücken sichtbar werden. Sie erleichtern es dem Buchbinder, beim Zusammentragen die richtige Reihenfolge zu erkennen. Sind die Bogen richtig angeordnet, sind die Flattermarken treppen-förmig zu sehen.

Flexodruck: Gehört zu den Hochdruck-verfahren. Als Druckform dient eine Fotopolymerplatte. Im Flexodruck werdensowohl lösemittel basierende, Wasser basierende als auch UV-Farben eingesetzt. PrimäresAnwendungsgebiet des Flexodrucks ist der Druckvon Verpackungsmaterialien.

Fogra: Die Deutsche Forschungsgemeinschaft für Druck- und Reproduktionstechnik e. V. verfolgt den Zweck, die Drucktechnik in den Bereichen Forschung, Entwicklung und Anwendung zu fördern und die Ergebnisse für die Druckindustrie nutzbar zu machen.

Font: Kompletter Zeichensatz einer Schriftart.

Frames: Frames gliedern den vom Browser visualisierten Inhalt eines ¬Servers in unterschiedliche Bereiche. In jedem Frame wird ein HTML-Dokument geladen. So können beispielsweise nach dem Mausklick des Nutzers lediglich bestimmte Bereiche des Inhalts erneuert werden.

Französische Broschur: Broschur mit eingeschlagenem Umschlag. Hierzu wird am Titel- und am Schlussbogen je ein gleich großes Kartonblatt angeklebt und so zuge-schnitten, dass rundum gleich breite Ränder über den Block vorstehen. Mit einer Rillung werden die Faltstellen der Einschläge markiert, damit ein gutes Schließen der Broschur gewährleistet wird.

Fremdschlüssel: Ist ein Attribut in einer Relation(Tabelle) welches eine Beziehung zu einem Schlüsselfeld einer anderen Relation (Tabelle) herstellt.

Frequenzmoduliertes (FM-) Raster: Rasterverfahren, das mit sehr kleinen Bildpunkten gleicher Größe arbeitet. Verändert wird die Anzahl der Punkte pro Flächeneinheit, deren räumliche Verteilung nach mathematischen Zufallsprinzipien erfolgt. Die Bildwiedergabe wird durch unterschiedlich dichte Streuung der Punkte erreicht. Lichte Bildstellen haben wenig Bildpunkte, tiefe Bildstellen mehr. Im Gegensatz dazu steuert das konventionelle amplitudenmodulierte Raster (AM-Raster) die Bildwiedergabe durch Variation der Punktgrößen und Rasterwinkel. FM-Raster sind nicht Moiré-anfällig und ermöglichen eine fotorealistische Halbtonwiedergabe. Ein unruhiges Bild kann in homogenen Rasterflächen oder Verläufen entstehen.

FTP: File Transfer Protocol. Über¬tragungsprotokoll im Internet, mit dem Dateien zwischen FTP-Servern im Internet übertragen werden können. Die Pflege und Aktualisierung von Internetseiten ¬erfolgt meist per FTP.

G

Gammakurve: Kurve, die die Verteilung der Tonwerte innerhalb eines Bildes verändern kann. So können durch Veränderung der Gamma-Kurve die Tonwert-bereiche für Lichter und Schatten gestaucht und gleichzeitig der Bereich der Mitteltöne gestreckt werden.

Gamut : Farbumfang

Gamut Mapping: „Gamut" ist die englische Bezeichnung für „Farbraum". Beim „Gamut Mapping" handelt es sich um die rechnerische Übertragung und Anpassung von Farben aus einem Quellfarbraum in einen Zielfarbraum. Da sich die Farbräume meist geometrisch unter-scheiden, kommt es zwangsläufig zu mehr oder weniger starken Farb- verschiebungen.

Gateway: Ein Gateway (deutsch auch Protokollumsetzer) erlaubt es Netzwerken, die auf völlig unterschiedlichen Protokollen basieren, miteinander zu kommunizieren. Zu diesem Zweck nimmt ein Gateway eine Protokollumsetzung vor. Dem Gateway ist dabei alles erlaubt, was zur Konvertierung der Daten notwendig ist, auch das Weglassen von Informationen, wenn diese im Zielnetz nicht transportiert werden können.

GCR - Grey Component Replacement: Ersetzen der Graukomponente. Verfahren der Farbseparation, bei dem aus einer Mischung der drei Buntfarben der Grauanteil (prozentualer Anteil, zu dem alle drei Farben gleichermaßen vorhanden sind) herausgenommen und durch die neu hinzukommende Farbe Schwarz ersetzt wird. Die Prozentwerte der Buntfarben werden dann um diesen Anteil reduziert.

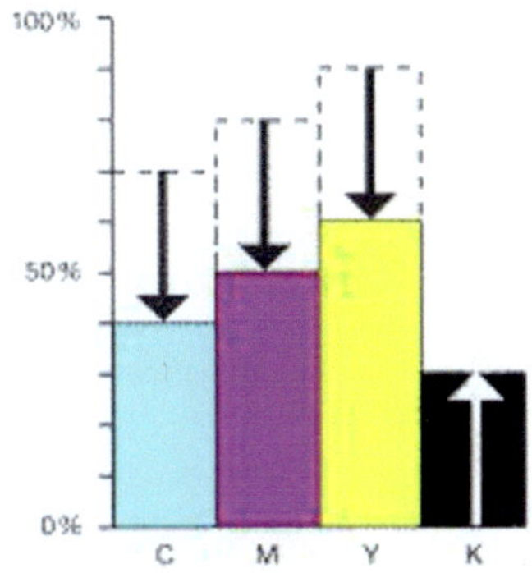

Geometrische Grundelemente: Punkt, Kreis, Linie, Fläche, Quadrat, Dreieck, Kurve, Polygon

Gesamtfarbauftrag: Die maximale Flächendeckung aller vier Druckfarben zusammen kann theoretisch einen Gesamtfarbauftrag von 400% ergeben. In der Praxis wird, um die Drucke besser weiter verarbeiten zu können, der Gesamtfarbauftrag reduziert. Der genaue Wert ist abhängig vom jeweiligen Druckverfahren.

Gestaltungsraster: Satzspiegel-Schema, worin der Satzspiegel in gleichartige Flächen zerlegt wird

Gestrichenes Papier: Rohpapier wird bei der Herstellung meist in einer so genannten „Streichmaschine" veredelt. Dabei wird Streichfarbe durch Düsen mit hoher Geschwindigkeit auf das Papier aufgetragen. Für die Verteilung der Streichfarbe sorgt ein Streichmesser.Die Streichfarbe setzt sich meist zusammen aus Kaolin, Kalziumcarbonat, Bindemitteln, sowie diversen Hilfsmitteln.

GIF: Graphics Interchange Format. Datenformat für kontrastreiche Bilder oder Grafiken, die im Internet verwendet werden. Merkmale: 256 Farben je Datei, verlustfreie Kompression, transparente Farben, Animationseffekte, Vorschau-Modus durch schichtweisen Bildschirmaufbau. Die Qualität von GIF-Bildern reicht nicht aus, um für den Druck verwendet zu werden

Goldener Schnitt: Die Streckenverhältnisse gelten als ideale Proportion und als Inbegriff von Ästhetik und Harmonie angesehen. Darüber hinaus tritt das

Verhältnis auch in der Natur in Erscheinung. Das Verhältnis kurze zu langer Strecke = Verhältnis lange Strecke zu ganzer Strecke (etwa 1:1,618).
z.B. 3:5; 5:8; 8:13

Gradation: Beschreibt das Verhältnis von Eingabewert zu Ausgabewert. Bei einer Druckausgabe werden durch Faktoren wie Tonwertzuwachs die Farb- und Graustufenwerte digitaler Bilder verändert. Eine Gradationskurve stellt den Grad der Veränderung in Form einer Zuwachskurve dar.

Greiferrand: kann nicht bedruckt werden, weil der Greifer der Druckmaschine an dieser Stelle das Papier festhält (je Maschine 7 bis 15mm)

Grobdaten: Bilddaten mit einer niedrigen Auflösung, um die Datenmenge zu verringern und die Verarbeitung zu beschleunigen. Die Grobdaten müssen vor der Ausgabe für den Druck durch Feindaten ersetzt werden.

Grundhaltungen nach Harris:
Ich bin o.k. - du bist o.k.
Ich bin o.k. - du bist nicht o.k.
Ich bin nicht o.k. - du bis o.k.
Ich bin nicht o.k. - du bist nicht o.k

Gruppen:

formelle Gruppe	**informelle Gruppe**
• rational organisiert • bewusst geplant und eingesetzt. • Verhaltensnormen extern vorgegeben • über längere Zeit oder befristet • Effiziens steht im Vordergrund	• spontan, meist ungeplant • innerhalb oder neben formellen Gruppen • eigenständige Ziele und Normen • aufgrund der Bedürfnisse der Mitglieder
Beispiele	**Beispiele**
Abteilungen, Stäbe Projektgruppen, Arbeitsgruppen usw.	Fahrgemeinschaften, Sportgruppen, Hobbygruppen, Freundeskreis

H

Heißfolienprägung: Dabei handelt es sich um ein Hochdruck-Prägeverfahren, bei dem anhand eines Messing-, Kupfer- oder Magnesium-Klischees eine aus mehreren Schichten bestehende Heißprägefolie auf den Bedruckstoff aufgesiegelt wird.

Hexachrome: Separationsverfahren der Firma Pantone für den Sechsfarbendruck. Verwendet werden die Farben Cyan, Magenta, Gelb und Schwarz sowie ein Grün- und ein Orangeton. Damit läßt sich der Farbraum erweitern und es können mehr Farben gedruckt werden als mit dem herkömmlichen Vierfarbendruck.

Histogramm: Zeigt an, wie viel Pixel in einem Bild einem bestimmten Helligkeitswert entsprechen.

HKS-System: Von den Firmen Hostmann-Steinberg Druckfarben, K+E Druckfarben und H. Schmincke & Co entwickeltes Farbsystem. Es enthält eine Anzahl genau definierter Farben, die mit Hilfe von Farbfächern ausgewählt werden können. Sie werden meist zur Reproduktion von Schmuckfarben eingesetzt.

Homepage: Im Internet bzw. im WWW vorgeschaltete Einstiegsseite mit Verzweigungen (Links) auf weitere Informationen eines Anbieters.

Host: Hauptrechner in einem Computernetzwerk, der das gesamte Netzwerk und die anderen Rechner steuert und überwacht. Nicht alle Netzwerke besitzen einen Host. In Client Server-Systemen sind beispielsweise alle Rechner gleichberechtigt.

Hotmelt: Schnell anziehende und trocknende Leime, die bei Klebebindungen verwendet werden. Lassen sich gut verarbeiten und sofort nach dem Binden beschneiden.

HTML: Hyper Text Marku->Language. Normierte, strukturorientierte Programmiersprache für Webseiten. Mit HTML werden die logische Struktur und die Formatierung der Internet-Seiten definiert. Verwandt mit HTML sind SGML und XML. HTML-Dokumente sind plattformübergreifend.

HTTP: Das Hypertext Transfer Protokoll ist ein Protokoll zur Übertragung von Daten über ein Netzwerk. Es wird hauptsächlich eingesetzt, um

Webseiten aus dem World Wide Web (WWW) in einen Webbrowser zu laden.

Hub: Eine Netzwerkkomponente. Er besitzt nur Anschlüsse(Ports) mit gleicher Geschwindigkeit. Sie leiten ein Signal an alle Anschlüsse. Sie arbeiten auf der 1 Schicht von OSI.

Hydrophil: Wasserannehmend, die nicht farbführenden bildfreien Bereiche

Hydrophob: Wasserabweisend, die Farbführenden, druckenden Bereiche.

Hyperlinks: Besonders hervorgehobene Elemente in einem Hypertext-Dokument, die mit anderen Textstellen verknüpft sind.

Hypertext: Text, der dreidimensional gegliedert ist und von einer Textstelle auf beliebig viele andere verweist. Das erlaubt es, Texte nicht nur linear, sondern auch in einer Art räumlicher Struktur zu lesen.

Hybridrasterung: Sie vereinigt die Prinzipien der amplitudenmodulierten Rasterung mit der frequenzmodulierten Rasterung. Grundlage der Hybridrasterung ist das konventionelle AM-Raster, das man in den Mitteltönen anwendet, aber in den Lichtern und Tiefen des Druckbildes wird auf das frequenzmodulierten Raster gewechselt. Je nach Druckverfahren ist eine minimale Punktgröße stabil druckbar. Sie druckt gerade noch in den Lichtern aus und bleibt in den Tiefen noch offen und ist die Grenzgröße für AM und FM. Diese kleinste Punktgröße wird nicht weiter unterschritten, um heller zu drucken, sondern man

verringert seine Anzahl, damit der Anteil der bedruckten Fläche verkleinert wird. Das Ganze kehrt man in den Tiefen um und schlieát auf Punkte womit ein höherer Prozentwert erreicht wird.

I

ICC Profil: Datei, die die Farbraumbeschreibung eines Ein- oder Ausgabegerätes im grafischen Produktionsprozess enthält. Wird erstellt auf Basis von Farbmessungen und Berechnungen einer Color Management Software.

Icons: Grafische Symbole zur Bedienerführung und Kommandoeingabe auf dem Bildschirm mit der Maus-Technik. Icons sind einfach und mehrsprachig verständlich.

Impressum: Ein Impressum ist eine gesetzlich vorgeschriebene Herkunftsangabe in Publikationen, die Angaben über den Verlag, Autor, Herausgeber oder Redaktion enthält, vor allem um die presserechtlich für den Inhalt Verantwortlichen kenntlich zu machen. In Deutschland ist die Impressumspflicht für Druckwerke wie Zeitungen und Zeitschriften in den Pressegesetzen der einzelnen Bundesländer geregelt

Inline (Finishing): Bezeichnung für eine direkt (in-line) an den Druckvorgang angeschlossene Weiterverarbeitung der Druckprodukte. Die Weiterverarbeitung (Falzen, Heften, Schneiden) erfolgt dabei meist mit Zusatzmaschinen und -aggregaten, die nicht zur Standardausrüstung einer Druckmaschine gehören.

In-RIP-Separation: Farbseparation, die vom RI->ausgeführt wird und nicht im vorgelagerten Arbeitsplatz.

Interferenz: Überlagerung mehrerer Wellen (Verstärkung, Abschwächung, Auslöschung)

International Color Consortium: Zusammenschluss internationaler Hard- und Software-Hersteller auf freier Basis mit dem Ziel, einheitliche Standards für Color Management zu entwickeln und zu verbreiten. Das ICC wurde 1993 gegründet. Zu den Gründungsmitgliedern zählten u. a. Apple, Kodak, Sun, AGFA oder FOGRA.

Interpolation: Im Zusammenhang mit der Bildbearbeitung bezeichnet dies die Erhöhung der Bildauflösung durch Hinzufügen neuer Pixel im gesamten Bild. Zur Berechnung der neuen Pixel werden die Nachbarpixel herangezogen. Durch eine Interpolation wird die Bildqualität nicht verbessert.

Intranet: Ein internes Firmennetzwerk, das auf INTERNET-Technik zurückgreift und auf hausinternen Servern angesiedelt ist.

Internet Formulare: Mit Hilfe von Formularen lassen sich Informationen von Nutzern an Webserver übertragen.

Die Daten können auf dem Server ausgewertet werden.

Anwendungen sind:

- Kommunikationen im Netz (Mail, Chat, Foren, Blogs)
- Erstellen Interaktiver Menüs
- Übertragung von Benutzerdaten (Login)
- Kauf- und Verkauf von Waren
- Aktualisieren von Daten auf Internetseiten (CMS, Bilddatenbanken)

ISDN: Integrated Services Digital Network. Digitales Telefonnetz zur Übertragung von Daten (z.B. digitalen Sprachaufzeichnungen, Bildern, Grafiken) zwischen einheitlich standardisierten Benutzerschnittstellen. Mit ISDN können direkte Nummernverbindungen aufgebaut werden, die für das Telefonieren und den ISDN-Datenversand benötigt werden. Auch der Internet-Zugang über Einwahl zu einem Provider ist möglich.

ISO: International Organization for Standardization. Internationales Normierungsgremium, das Standardisierungskonzepte ausarbeitet, die dann als Norm verabschiedet werden. ISO-Normen gelten als international verbindliche Richtlinien.

J

Java: Plattformunabhängige und objekt¬orientierte Programmiersprache von Sun Microsystems für interaktive Anwendungen im WWW. Mit Java werden eigenständige Anwendungen oder so genannte Java-Applets, die in HTML-Seiten eingebunden werden, entwickelt (z.B. Datenbank-Anwendungen).

Java-Applets: Java-Programme, die der empfangende Rechner interpretiert. Das heißt, der Programmcode wird erst auf dem Computer des Benutzers beim Aufruf des Programms Zeile für Zeile in Echtzeit übersetzt und ausgeführt. In der Praxis bedeutet dies, daß Applikationen nicht mehr auf dem Computer installiert sein müssen, auf der die Anwender sie nutzen. Sie müssen auch nicht für die spezielle Maschine geschrieben sein, die sie ausführen soll. So können Java-Programme irgendwo im Internet liegen und ein anderer ins Netz integrierter Computer führt sie aus.

Javascript: Plattformunabhängige Programmiersprache, deren Befehle direkt in die HTML-Syntax eingefügt und bei jeder Ausführung neu interpretiert werden können. Wird vor allem für einfache Animationen eingesetzt.

JDF (Job Definition Ticket): Auf XML basierender Standard für „digitale Laufzettel". In einer JDF-Datei können alle Daten Informationen zusammengefasst werden, die zur Verarbeitung eines Druckauftrages, einschließlich der Weiterverarbeitung, bis hin zur Fakturierung enthalten sein. Wurde vom Fraunhofer Institut entwickelt.

JMF Job Messaging Format: Teil der JDF-Spezifikation (Job Definition Format). Druckaufträge in einer modernen Druckerei werden als elektronisches Jobticket in Form einer JDF–Datei über Netzwerke übertragen. Für Statusmeldungen und Steuerungsbefehle, die beispielsweise von einem Steuerungssystem an den Leitstand einer Druckmaschine oder umgekehrt gesendet werden,benötigt man ein separates Übertragungsformat, das JMF. Beim JMF handelt es sich um eine Beschreibung von Statusmeldungen und Steuerungs-befehlen, die per XML kodiert sind und über das HTTP Protokoll (=Webbasiert) zwischen den Systemen ausgetauscht werden. Eine Übermittlung von Druckauf-trägen in Echtzeit ist damit realisierbar.

JPEG: Joint Photographic Expert Group. Verfahren und Datenformat für die Kompression (Reduzierung) von Bilddaten. Bei der Kompression gehen Informationen verloren. Bei sehr starker Kompression sind die Informationsverluste durch ein Matrixmuster sichtbar.

K

Kalander: Maschine, die mit einer Kombination mehrerer Walzen das Papier während der Herstellung glättet.

Kalibration: Ein digitales Ein- oder Ausgabegerät wird bei der Kalibration in einen technisch einwandfreien,definierten Zustand gebracht, der jederzeit reproduzierbar sein sollte. Ziel ist eine eindeutige und konstante Farbwiedergabe. Dient auch dazu, die Folgen von Alterungsprozessen der technischen Komponenten festzustellen und, zumindest teilweise, zu kompensieren.

Kaufmannische utersuchungs und Rügepflicht: eine besonderheit des Handelsrechts ist die oben genannte Pflicht im beiderseitigen Handelskauf oder Werklieferungsvertrag sind Qualitätsabweichungen der Lieferung von der Bestellung unverzüglich zu Rügen. Die fehlende oder nicht rechtzeitige Rüge hat zur Folge das die gelieferte Ware als ordnungsgemäse Vertragserfüllung aktzeptiert wird.

Kapitälchen: Alles Großbuchstaben auf Höhe der Kleinbuchstaben

Karton: Papier mit Grammaturen (= Papiergewicht) von mehr als 130 bis 600 g/m²

Kaschieren: Veredelung von Druckbogen durch den beidseitigen Überzug von Glanzfolien oder Mattfolien. Dient dem dauerhaften Schutz von Drucksachen, auch gegen mechanische Beschädigungen. Wird meist für langlebige, bzw. häufig in Gebrauch befindliche Produkte eingesetzt.

KB: Ein Kilobyte entspricht 1.024 Bytes = 2^10 Byte

Kerning: Unter Kerning (Unterschneidung) versteht man das Zusammen- oder Auseinanderrücken von Buchstabenpaaren, damit diese nicht durch unpassende Abstände die Ästhetik des jeweiligen Schriftbilds zerstören.

Kilobit: 1 Kilobit = 1000 Bits.

Klappenfalz: Form des Querfalzes. Die Bruchlinien liegen hierbei quer zur Förderrichtung des Papiers. Zu finden überwiegend bei Broschüren oder Zeitschriften.

Klebebindung: Bei diesem Verfahren der Weiterverarbeitung werden die Rohbogen mit Hilfe eines Klebers (Hotmelt oder Dispersionskleber oder PUR) verbunden. Ermöglicht, im Gegensatz zur Fadenheftung, sehr hohe Maschinen-geschwindigkeiten und eine automatische Produktion.

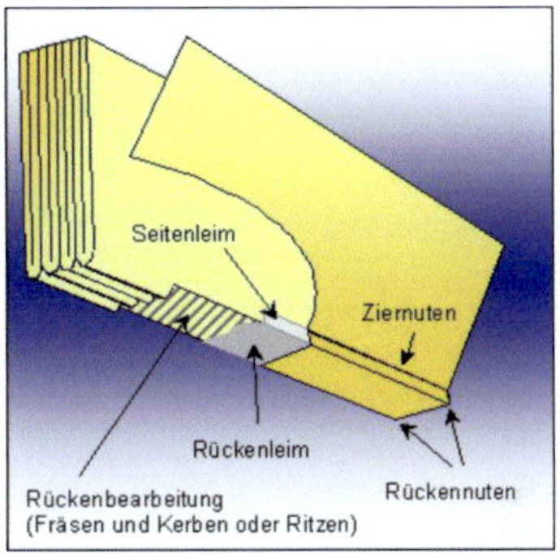

Kodierung: Verfahren (z. B. LZW, RLC, JPEG, Huffmann), das Informationen komprimiert (verdichtet), indem es Bild- oder andere Daten reduziert, um Übertragungszeit und Speicherplatz zu sparen.die „Vereinfachung" der Datenstruktur muß dabei so erfolgen, daß die Daten möglichst ohne Informationsverlust rekonstruiert werden können.

Kombifalz: Kombination aus Parallel- und Kreuzfalz. Beide Falzarten können nacheinander oder abwechselnd angewandt werden.

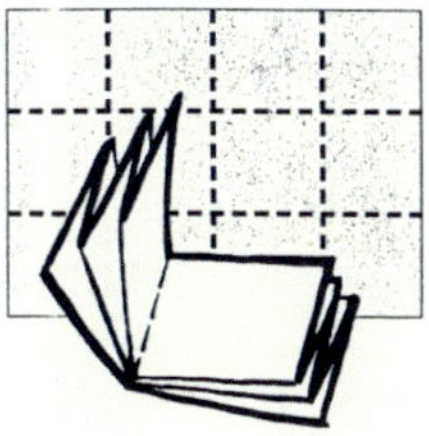

Kommunikationsebenen:

- Beziehungsebene= wie Nachricht zu verstehen ist, Beziehung zum Empfänger, verbales und nonverbales Verhalten
- Sachebene=Inhalt der Nachricht.
- der Beziehungsaspekt bestimmt, wie der Inhalt zu interpretieren ist

Kommunikationsgrundsätze:

- In einer sozialen Situation kann man nicht nicht kommunizieren.
- Jede Kimmunikation hat eine Sach- und eine Beziehungsebene

- Kommunikationsabläufe werden unterschiedlich strukturiert.
- Kommunikation verläuft symmetrisch und/oder komplementär.
- Kommunikatiion erfolgt digital und/oder analog.

Kommunikatonskanäle bei nonverbalen Botschaften: Blick, Gesichtsausruck, Haltung, Gestik, Mimik, Kleidung, Distanzverhalten.

Komplementärfarben: Im Farbkreis stehen sich Komplementärfarben stets genau gegenüber. Danach gibt es drei Paare von Komplementärfarben

Rot – Cyan

Grün – Magenta

Blau – Gelb

Die Komplementärfarben mischen sich bei der Additiven Farbmischung zu Weiß und bei der Subtraktiven Farbmischung zu Schwarz.

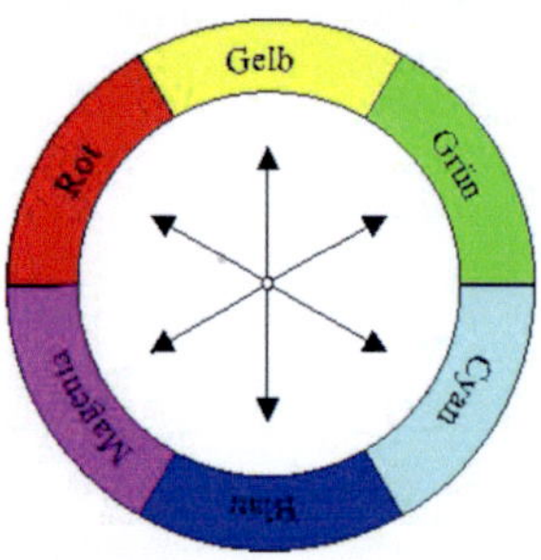

Komplementärkontrast: Der Komplementärkontrast ist ein starker Kontrast zweier Farben, die sich im Farbkreis gegenüberliegen. Tendenz zum Flimmern.

Kompression: Verfahren zur Reduktion der Datenmenge digitaler Dateien. Wird vor allem bei Pixeldaten angewandt. Es gibt verlustfreie Kompression, bei der keine Dateiinformation verloren geht, und verlustbehaftete Kompression, bei der zugunsten einer stärkeren Speicherplatzeinsparung Informationsverluste in Kauf genommen werden.

Kontrakt-Proof: Erfüllt die Anforderungen an einen farbverbindlichen Digitalproof. Prooflieferant und Druckerei gehen auf Basis des gelieferten Proofs einen Kontrakt (= Vertrag) ein. Die Druckerei verpflichtet sich mit Übernahme des Proofs die Farben innerhalb definierter Toleranzen zu erreichen (BVD-FOGRA-Standard).

Kontraste: Groß-Klein, Schmal-Breit, Dünn-Dick, Hell-Dunkel, Positiv-Negativ, Konservativ-Modern.

Konverter: Software, die Datenformate in andere Formate umwandelt. Von den Quell- und Zielformaten und der Qualität des Konverters hängt es ab, ob bei dieser Umwandlung Daten verändert werden oder verloren gehen

Kreuzfalz / Kreuzbruch: Falzverfahren, bei dem die Bruchlinien rechtwinklig zueinander verlaufen.

Kreuzleger: Maschine, die beim Verpacken von Drucksachen Stapel aus mehreren Lagen, die jeweils um 90°gedreht sind, erstellen kann.

Kunstdruckpapier: Papier mit relativ hohem Anteil der Streichmasse. Es ist immer beidseitig gestrichen. Kunst-druckpapiere sind holzfrei und geeignet für höchste Ansprüche und feinste Druckraster.

Kuvertieren: Einstecken einzelner Druckexemplare in Um-schläge. oder Versandtaschen im Laufe der Verpackung von Drucksachen.

L

Lab: Mathematisch definierter Farbraum, der alle Farben, die ein menschlicher Betrachter wahrnehmen kann, rechnerisch exakt beschreibt. Dient als Basis für Farbberechnungen im Color Management. Durch die Geräteunabhängikeit des LAB-Farbraums ist eine verlustfreie Konvertierung von Farb-informationen aus einem Farbsystem in ein anderes möglich.

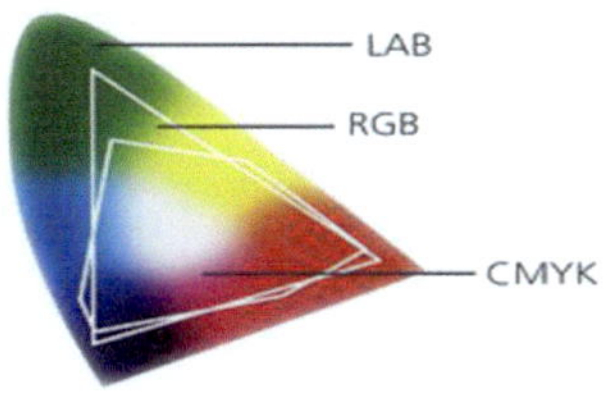

Lackieren: Form der Veredelung von Druckerzeugnissen. In vielen Fällen erfolgt eine Lackierung bereits in der Druckmaschine. Dabei werden Druckbogen entweder vollflächig oder nur bestimmte Bildteile lackiert. Als Lackarten kommen Wasser-lacke (Dispersionslack), Öldrucklacke und UV-Lacke zum Einsatz.

Laminieren: Die Veredelung von Druckbogen in der Druckweiterverarbeitung durch den Überzug von Polyester-Folien. Hauptzweck ist die Erhöhung der Haltbarkeit, insbesondere bei Produkten, die häufig in Gebrauch sind, z.B. Speise- oder Landkarten oder Mitgliedsausweisen.

LAN: Local Area Network. Lokales Netzwerk für die Datenübertragung zwischen Computern und Peripheriegeräten (z.B. Local Talk, Ethernet, GALAN).

Laser Printer /Laserdrucker: Mittels eines fein dosierbaren Laserstrahls wird auf einer Trägertrommel das zu druckende Bild über eine elektrostatische Spannung erzeugt – Linie für Linie. Ähnlich Eisenspänen auf einem Magneten hält der auf die Trommel gestreute Toner und wirddann durch einen Coronendraht mit einer höheren Aufladung auf das Papier gezogen und dort mittels Hitze und Druck fixiert.

Lasierende Farbe: Durscheinende Farben. Sind eine Vorraussetzung für die Additive Farbmischung

Layout: Der nächste Schritt nach dem Scribble. Es ist ein detaillierter Entwurf in Originalgröße, mit Vermassung und Blindtext in der gewünschten Schrift.

Layoutprogramm: Software zur Gestaltung ganzer Druckseiten, z.B. für Broschüren oder Zeitschriften. Text-, Bild- und Grafikdaten werden importiert und zu einem Seitenlayout zusammengestellt. Bekannteste Vertreter sind Quark X Press und Adobe In Design.

Layoutraster: Umsetzung von Vorgaben in Bezug auf Satzspiegel, Bildaufteilung, Überschriften, etc., um eine schnelle Visualisiertung einer Kampagne zu gewährleisten

LCD-Display: engl. „Liquid Crystal Display", Flachbildschirm, bei dem Flüssigkristalle genutzt werden, die die Polarisationsrichtung von Licht beeinflussen können. Die meisten Flachbildschirme nutzen derzeit die TFT-Technologie. Dabei kommt zur Ansteuerung pro Bildschirm-punkt ein einzelner Transistor zum Einsatz. Diese Bauart von Flachbildschirmen wird als Aktiv-Matrix-LCDs bezeichnet. Vorteile der LCDs sind der geringe Strom-verbrauch, Strahlungsfreiheit, sowie ein flimmerfreies Bild. Inzwischen liefern TFTs ein schärferes Bild als CRT-Monitore.

LCH: Ähnlich wie HSB beschreibt LCH eine Farbe durch einen Farbwinkel, den Radius zur Mittelsenkrechten und die „Höhe" (Helligkeit) des Farbortes. Die Buchstaben bezeichnen die Skalen (Achsen) des Farbraums – „L" steht für Luminanz (= Helligkeit), „C" für Chroma (= Sättigung) und „H" für Hue (=Farbwinkel).

Lentikular-Bild: Dt. Linsenraster-Bild. Gedrucktes Bild mit dreidimensionaler Wirkung. Durch Änderung des Blickwinkels können auch Bewegungsabläufe oder Bildwechsel simuliert werden. Lentikular-Bilder werden auch Wackel- oder Wechselbilder genannt. Basis für die Herstellung ist die Aufnahme eines Objektes aus mindestens zwei Blickwinkeln. Die Bilder werden mittels einer Spezial-Software ¬digital in feine Streifen zerlegt. Für den Druck wird eine Lentikularfolie mit linienweise eingeprägten Linsen verwendet. Beim Druck auf eine Linsenrasterfolie werden die Bilder wieder zusammengesetzt, in dem je Linsenstreifen 2 bis 25 in Linien zerlegte Teilbilder gedruckt werden.

Leporello / Zick Zack Falz: Der Leporello- oder Zick-Zack-Falz ist eine wechselweise nach verschiedenen Richtungen vorgenommene Parallelfalzung nach Art einer Ziehharmonika.

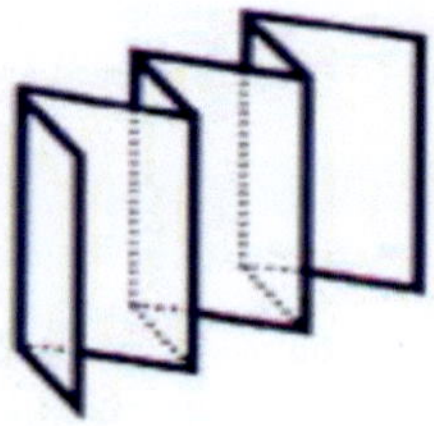

Licht: Teil des elektromagnetischen Spektrums im Wellenlängenbereich von ca. 380 bis 780nm.

Lignin: Faserstoffanteil im Papier, der fürs Vergilben verantwortlich ist.

Linearisierung: Bezeichnung für die Kalibration eines Druckverfahrens. Dabei kommt es darauf an, eine gleichmäßige (lineare) Verteilung der Tonabstufungen über den gesamten Tonwert-bereich zu erreichen.

Line Work (LW): Dt. Strichgrafik

Logo: Ein Logo muss Buchstaben enthalten die durch ein Bildzeichen ergänzt werden dürfen. Es dient der Identifikation eines bestimmten Unternehmens.

LUT (Color - Look-up-Table): Eine Tabelle, bei der hereinkommende Farbwerte im Color Controller auf die speziellen Druckerwerte „gemappt", also umgerechnet werden. Auch ICC Farbprofileenthalten teilweise LUTs.

Logo: Einheitliches Erkennungsmerkmal eines Unternehmens. Das „Firmen-Logo" kann aus Wort-, Zahlen, Bild- oder kombinierten Möglichkeiten bestehen.

Lpi: Lines per inch. Dt. Linien pro Zoll. Maßeinheit für die Rasterweite. Bezeichnet die Anzahl von Rasterpunkten pro Längeneinheit. Die Maßeinheit lpi entspricht der deutschen Maßeinheit L/cm. Das gebräuchliche 60er Raster gibt 60 Rasterpunkte pro cm wieder und entspricht zirka 152 lpi.

LWC-Papier: (Light Weight Coated-Papier) Bezeichnung für holzhaltiges, beidseitig gestrichenes Rollenoffset und Tiefdruck-papier mit einer Grammatur von 39 - 80 g/m^2. Es wird hauptsächlich für Zeitschriften, Versandhauskataloge, Infopost und ähnliches verwendet.

M

Mac Adams Ellipsen: Schwellenwerte, bei denen der Mensch einen Farbunterschied erkennt. Benannt nach ihrem Entdecker. Innerhalb der Ellipsen werden keine Unter-schiede wahrgenommen. Sie beschreiben die Eigenart des Gehirns, bestimmte Farbeindrücke als Identisch oder sehr ähnlich zu interpretieren. Die Ellipsen spielen eine Rolle für die Berechnung der Gleichabständigkeit im CIE-Lab-Farbraum.

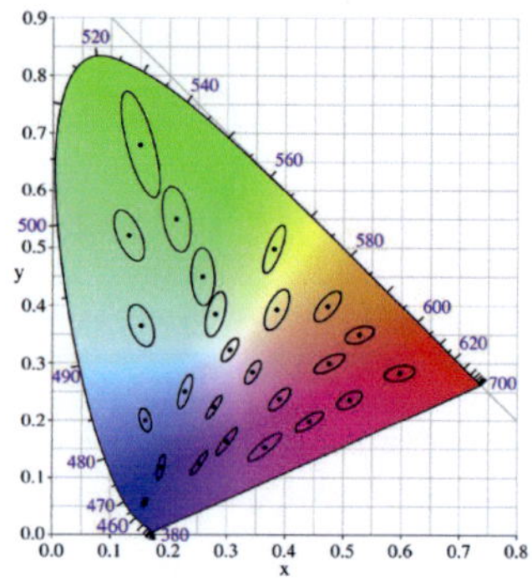

Mailing: Personalisierte, in großen Mengen vervielfältigte Postsendung, früher meist als Serienbrief bezeichnet. Mailings können individuelle Geschäftsbriefe oder Werbeanschreiben sein, aber auch Einladungen, Informationsschreiben, Bestellhefte, Rechnungen, bis hin zu Versandhauskatalogen

Maslowsche Bedürfnispyramide:
1.Stufe Grundbedürfnis (Nahrung,Wasser,Schlaf)
2.Stufe Selbstverwirklichung
3.Liebe und Geborgenheit
4.Selbstwertgefühl
5.Selbstverwirklichung

MB: 1 MB entspricht 1024 KB (Kilobyte) oder 1.048.576 Byte = 2^20 Byte

Mbps: Megabits per second. Angabe der Übertragungsleistung einer Leitung. Mit 1 Mbps lassen sich über 95 KByte in jeder Sekunde übertragen.

Medienkeil: Kontrollmedium, bestehend aus zwei Farbfeldreihen mit 46 Feldern. Dient zur Überprüfung von digitalen Proofdrucken. Mit dem Medienkeil läßt sich schnell feststellen, ob ein Proofdruck innerhalb der vom Medienstandard Druck vor-gegebenen Toleranzen liegt und als „echter" Proofdruck gelten kann.

Medienneutrale Datenbank: Hat die Aufgabe, unterschiedliche Informationsbausteine (Text, Bild, Video usw.) derart zu verwalten, daß die Bausteine für verschiedenste Publikationen im Print-, On¬line- oder Offline-Bereich genutzt werden können. Dabei müssen die Daten entweder in einem neutralen Format gespeichert werden (z.B. SGML für Text oder CIE-Lab für Bilder) oder in jedes beliebige Format konvertiert werden können.

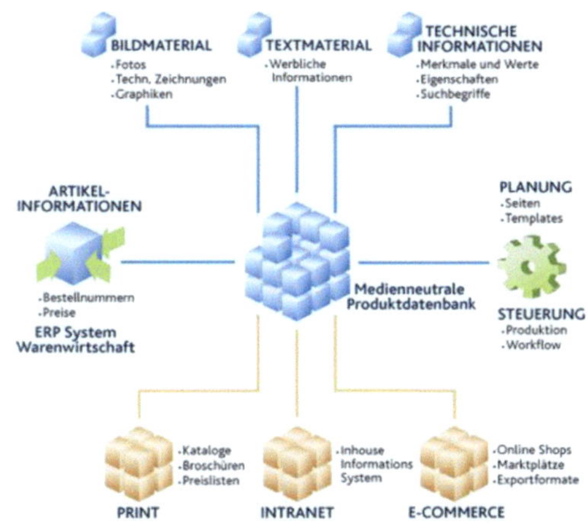

Medienstandard Druck: Der Medienstandard Druck enthält Anleitungen, wie Daten und Prüfdrucke (Proofs) beschaffen sein müssen, die an eine Druckerei gehen sollen. Er basiert auf dem Prozess-standard Offsetdruck. Als Datenformate sollen nur PDF-Dateien (bevorzugt PDF/X) und TIFFs abgeliefert werden. Alle eingebundenen Bilddaten sollen Quellprofile enthalten. Ein Proof nach Medienstandard Druck muss enthalten: Den FOGRA/Ugra-Medienkeil, Messprotokoll, verwendete Farbprofile, Zeit und Datum des Proofs. Der Medienstandard Druck schlägt zwei mögliche Workflows vor: einen „medienneu-tralen" (RGB- und andere Farbformate erlaubt) und einen medien- gebundenen (nur CMYK und Sonderfarben).

Metadaten: Bezeichnung für Daten, die Informationen über andere Daten enthalten. In der Computertechnik handelt es sich um Informationen, die in den eigentlichen Dateien enthalten sind und vom Anwender definiert werden können. Dazu gehören z. B. Angaben zum Copyright, Stichwörter oder Aufnahme-daten digitaler Kameras.

Metamerie: Bezeichnet in der Optik den Wert des Farbabstands zweier Proben unter zwei verschiedenen Lichtquellen. Unterschiedliche Spektren für eine gegebene Lichtart können beim Menschen denselben Farbeindruck hervorrufen. So können z. B. zwei Stoffe unter einer Lichtart gleich aussehen, während sie unter einer anderen Lichtart unterschiedliche Farben haben. Kontrolliert werden kann das mit den Metamerriestreifen.

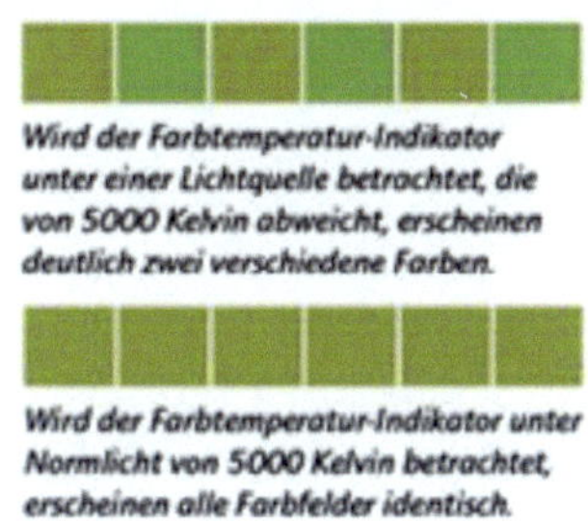

Mind Mapping: Das Mind Mapping ist ein Verfahren zur einfachen Strukturierung, Analyse, Ausarbeitung und Bewertung von Projektaufgaben.

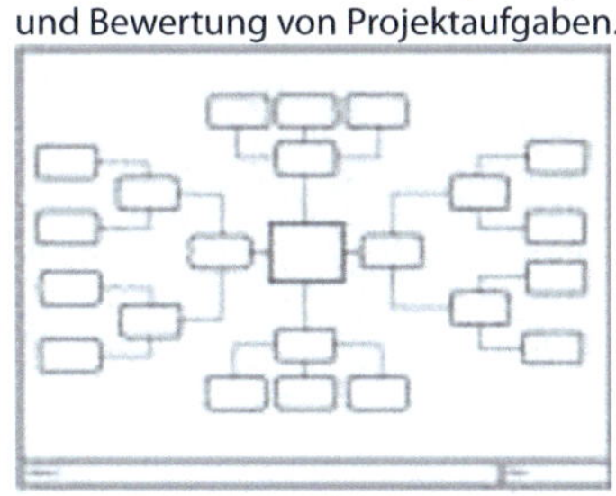

Modem: Modulator-demodulator. Ein Gerät zur Verbindung eines Rechners mit einer Telefonleitung zum Zwecke der Datenübertragung via Telefon. Daten werden zur Übertragung „moduliert" und beim Empfänger zur Originalform „demoduliert"

Moiré-Effekt: Der Moiré-Effekt ist ein Muster, das bei der Überlagerung von Rasterstrukturen entstehen kann. Bei der Überlagerung identischer Raster überdecken sich die Linien oder Punkte auf der ganzen Fläche genau.Er tritt z.B. beim Scannen von Bildern mit periodischen Strukturen (karierte Hemden, Rasterbilder) auf oder auch bei der Überlagerung von Druckfilmen mit Druckrastern. Im Vierfarbdruck müssen Raster überlagern, um den Eindruck der Farbmischung zu erreichen. Die Rasterwinkelung wird dabei so gewählt, daß die Frequenz des Moiréeffektes nur wenig über der Rasterfrequenz liegt, und so den Effekt reduziert.

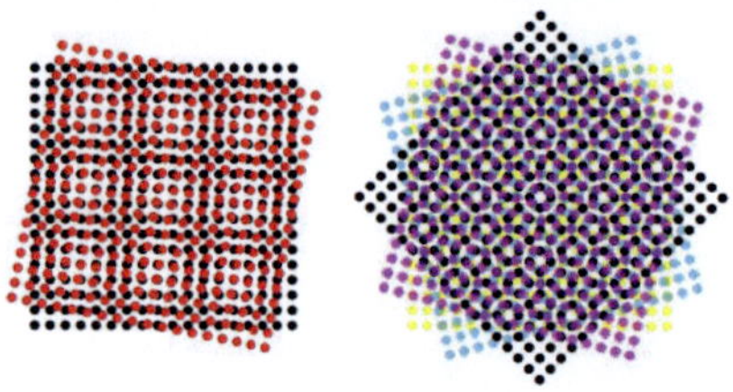

N

Near Line Finishing: Variante der Druckweiter-verarbeitung, fast aus-schließlich im Digital-druckbereich. Dabei werden die Druckbogen in räumlicher und zeitlicher Nähe zum Druckvorgang Weiterver-arbeitet, sowie die Einstellungen der Druckweiterverarbeitungssysteme über automatisierte Prozesse (zum Beispiel Barcode, JDF) vorgenommen. Hierdurch werden Makulatur und Aufwände reduziert. Die Anlage in der Weiterverarbeitungs-maschine erfolgt ausschließlich manuell.

Netzwerk: Verbindung von Computern und Peripheriegeräten mit dem Ziel der Kommunikation und des Datenaustausches. Der Datenverkehr über die Datenleitungen wird mit Hilfe von Protokollen, z.B. TCP/IP, geregelt. Vorteile = Ressourcen Sharing, Data Sharing, Software Sharing, Printer Sharing...

Netzwerktopologie: Die Topologie bezeichnet bei einem Computernetz die Struktur der Verbindungen mehrerer Geräte untereinander, um einen gemeinsamen Datenaustausch zu gewährleisten. Die Topologie eines Netzes ist entscheidend für seine Ausfallsicherheit: Nur wenn alternative Wege zwischen den Knoten existieren, bleibt bei Ausfällen einzelner Verbindungen die Funktionsfähigkeit erhalten. Es gibt dann neben dem Arbeitsweg einen oder mehrere Ersatzwege (oder auch Umleitungen) Stern-Topologie, Ring-Topologie, Bus-Topologie, Baum-Topologie, Netz Topologie.

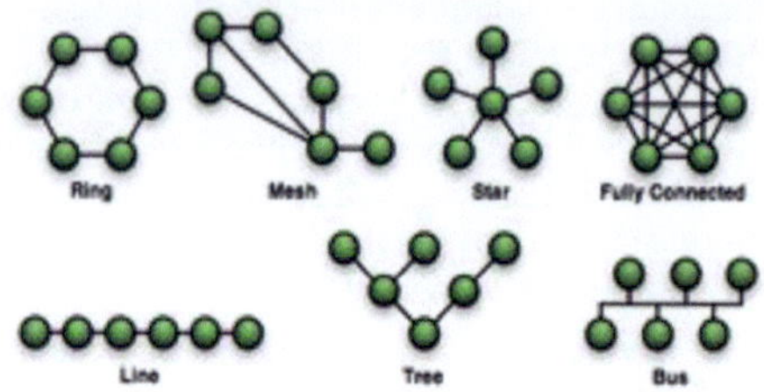

Non-Impact-Printing: Berührungslose Farbübertragung bei Druckverfahren, die ohne feste Druckform (z.B. Druckzylinder oder Stempel) auskommen und prinzipiell von Druck zu Druck eine Seite unterschiedlich bedrucken können. Dazu gehören die meisten Verfahren des Digitaldrucks.

Normlicht: Die Normlichtarten nach CIE sind für die Farbabstimmung wichtig. Da Farbeindrücke stark von der Beleuchtungsfarbe abhängen, sollte die Beurteilung eines Farbtons nur in Verbindung mit einer definierten Lichtart erfolgen. Die Farbe einer Lichtart kann durch die Farbtemperatur gemessen in Kelvin bestimmt werden. Für die Farbabstimmung wird die Lichtart D50 verwendet, die der Farbe des Tageslichts und einer Farbtemperatur von 5000 Kelvin entspricht.

Normfarbtafel: Wahrnehmungsorientiertes Farbbeschreibungs-system, abgeleitet aus dem CIE-XYZ-Farbraum. Der Bereich möglicher Farben ist bei der CIE Normfarbtafel auf einem Koordinatensystem aufgetragen, auf dem x- und y-Anteil einer beliebigen Farbe direkt abgelesen werden können. Zentraler Bezugspunkt der Tafel ist der Weißpunkt W. Ausgehend vom Weißpunkt können alle als farbtongleich empfundenen Farben auf einer Linie durch einen beliebigen Punkt P abgelesen werden.

Nutzen: Ein Begriff aus der Drucktechnik. Der Nutzen gibt die Anzahl der gleichen Einzelteile eines Drucker-zeugnisses (z. B. A4-Seiten) auf dem Format des Druck-bogens an, z. B. hat ein A0-Bogen16 A4-Nutzen.

O

Offline Finishing: Variante der Druckweiter-verarbeitung, wobei die Maschinen von der Druckmaschine abgekoppelt sind. Offline-Maschinen sind meist für mittlere, bis hin zu hohen Auflagen ausgelegt, die in den meisten Fällen modular ausbaubar und sehr individuell konfigurierbar sind.

Opazität: Bezeichnet die Lichtdurch-lässigkeit von Papier. Wichtiger Aspekt, wenn Papier beidseitig bedruckt wird. Eine gute Opazität bedeutet geringe Lichtdurchlässigkeit, was die Lesbarkeit von Text erhöht.

OpenType: Schriftformat, das von Adobe in Zusammenarbeit mit Microsoft entwickelt wurde und das Vorteile gegenüber den gängigen Schriftformaten Type 1 und TrueType hat. Es gibt nur eine Schriftdatei für Mac und Windows. Dadurch können Probleme mit Sonderzeichen und Umbruchfehler durch Laufweitenunterschiede beim Datenaustausch vermieden werden.

OPI: Open Prepress Interface: Es werden zwei Dateien von einem Bild erzeugt, eine ist für die Druckausgabe optimiert (große Datei), die andere ist für den Umbruch am Bildschirm optimiert (kleine Datei). Bei der Ausgabe an den Belichter wird nun durch einen speziellen OPI-Server das niedrig aufgelöste Bild durch das hoch aufgelöste ausgewechselt.

OSI-Referenzmodell: Das OSI-Referenzmodell der Internationalen Standardisierungs-Organisation/ISO wurde als Grundlage für die Bildung von Kommunikationsstandards entworfen. Es regelt den funktionellen Ablauf und die technischen Bedingungen in einem Netzwerk. Die Grundfunktionen werden so strukturiert, dass sie sieben Schichten zugeordnet werden können.

	Nutzung	**Erklärung**
1	Physikalische Schicht/ Bitübertragungsschicht. Repeater, Hub	Auf der physikalische Ebene müssen Vereinbarungen über Steckernormen, über die Synchronisation zwischen Sender und Empfänger oder zum Beispiel über die Signalisierung der Werte 0 und 1 getroffen werden.
2	Datensicherung Bridge, Switch LAN Karte	Die Übermittlungs- oder Verbindungsschicht sichert Bitfolgen gegen Übertragungsfehler
3	Netzwerk/ Vermittlungsschicht Router	Die Netzwerkschicht hat die Aufgabe Daten über die gesamte Entfernung zu transportieren
4	Transport Rest Gateway	Die Transportschicht hat die Oberaufsicht über die datenübertragungsspezifischen Schichten (1,2,3)
5	Kommunikation und Steuerung	Die Hauptaufgabe ist der Aufbau der Verbindung, die Überprüfung der Identifikation der Teilnehmer
6	Darstellung	Die Darstellungsschicht bringt Daten in eine Form

	Nutzung	Erklärung
7	Anwendung	Die Anwendungsschicht ist diejenige, mit der der Nutzer in Kontakt kommt.

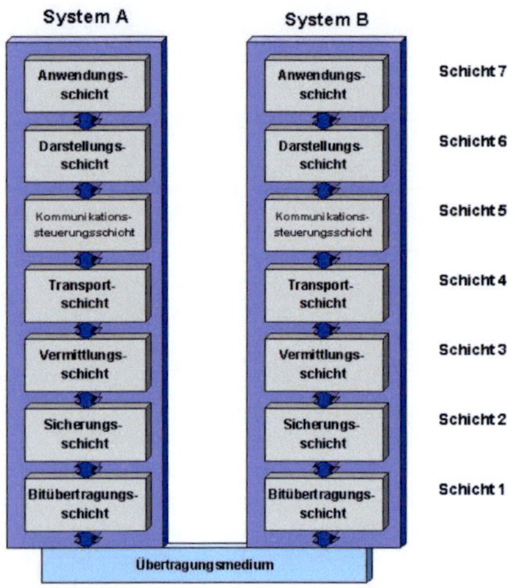

P / Q

Pantone-System: Farbsystem, basierend auf 15 Grundfarben, die in einer Vielzahl von Mischungen ca. 1.000 Schmuckfarben ergeben. Das System basiert, wie HKS, auf Farbfächern und ist nicht zur Reproduktion von Bildern geeignet. Der Einsatz dieses Farbsystems konzentriert sich vorwiegend auf Firmenlogos und Schmuckfarben.

Papierklassen: Es gibt verschiedene Papierklassen, bei denen Druckpapiere anhand ihrer Oberflächen unterschieden werden. Man unterscheidet grundsätzlich zwischen gestrichenen (glatten) und ungestrichenen (raueren) Oberflächen, sowie zwischen glänzend und matt.

Papiervolumen: Die unterschiedliche Dicke von Papieren mit der gleichen flächenbezogenen Masse wir als Faktor des Volumens angegeben (1-faches Volumen 100g/qm = 0,1 mm dick)

Parallelfalz: Falzart mit parallelem Bruch. Teilweise werden die Brüche mit wechselnden Richtungen ausgeführt. Dazu gehören beispielsweise der Wickelfalz, Zickzack- oder Leporellofalz und der Altarfalz.

PDF (Portable Document Format): Portable Document Format. Von Adobe entwickeltes Datenformat für den plattformunabhängigen Datenaustausch. PDF-Dateien werden auf der Basis von PostScript-Dateien erzeugt. Mit dem kostenlosen und für alle Betriebssysteme verfügbaren Adobe Reader können PDF-Dokumente geöffnet und gedruckt werden. Für den Einsatz in der digitalen Druckvorstufe bietet PDF gegenüber PostScript die Vorteile, daß es wesentlich kompakter ist und sich mit relativ geringerem Fehlerrisiko ausgeben läßt. Intern ist PDF so gegliedert, daß sich Einzelseiten problemlos herauslösen oder einfügen lassen. Auch das inhaltliche Editieren von PDF-Dokumenten ist einfacher möglich. Einsatzbereiche von PDF: Dokumentenaustausch zu Korrekturzwecken, Druck und Belichtung, Remote-Proof, Download-Dateien im Internet, CD-ROM-Kataloge, Zeitschriftenarchive für CD und Internet

Perforieren: Eine Perforation (Durchlochung) im Druckbogen kann hinsichtlich bestimmter Gebrauchseigenschaften gewünscht sein (Abrissperforation), aber auch Verarbeitungs-technische Hintergründe haben. Kopf- oder Rückenperforationen werden z.B. angewandt, um einen Luftauslass zu schaffen, der das Falzen oder Pressen der Druckbogen erleichtert und eine bessere Planlage der Bogen ermöglicht. Auch bei Klebebindungen werden Lochperforationen verwendet, damit der Leim an die Innenseiten der Bogen gelangen kann.

Personalisierung: Bezeichnet die Anpassung von Drucksachen an die persönlichen Vorlieben und Bedürfnisse eines Empfängers, angefangen mit persönlicher Anrede in einem Brief, bis hin zur individuellen Konfiguration von Inhalten eines Druck-dokumentes. Spielt vor allem bei Mailings und im Digitaldruck eine große Rolle.

Perspektiven:
- Vogelperspektive = Der Standpunkt des Betrach ters befindet sich weit oberhalb des Objektes
- Froschperspektive = ist der Vogelperspektive genau entgegengesetzt

Pflichtenheft: Alle technischen, inhaltlichen und gestalterischen Anforderungen definiert.

Pictogramm / Icons: Sind abstrahierte, auf die wesentliche Aussage reduzierte Bildmarken und bieten gegenüber fotografischen Bildern folgende Vorteile

- Sie sind einprägsam
- International nahezu immer verständlich
- Schnell erfassbar
- Bieten ein intuitives Verständnis
- Beinhalten klare Aussagen
- Sind Orientierungshilfen

Pixel: Kurzwort aus "picture element" (Bildelement). Digitale Bilder bestehen aus nebeneinander liegenden Pixeln, die jeweils einen bestimmten Farb oder Tonwert aufweisen. Im Auge verschwimmen die verschiedenfarbigen Pixel zu stufenlosen, kontinuierlichen Farbtönen.

Pixelgrafik: Aus rasterartig angeordneten Bildpunkten (Pixel) zusammengesetzte Darstellung eines Bildes (z. B. vom Scanner erzeugt) oder einer generierten Grafik (z. B. im TIFF-Format).Nachteil ist, daß mit einer Maßstabsveränderung auch die Pixelgröße verändert wird, weswegen die Vorlagen annähernd im Zielmaßstab gescannt werden sollten

Planschneider: Schneidemaschine in der Druckweiterverarbeitung, die für Trennschnitte von Druckbogen eingesetzt wird. Enthält einen Schneidetisch, auf dem die Druckbogen aufgelegt werden. Ein Pressbalken fixiert die Bogen.

PostScript-Font: Beschreibung von Schriftfonts mit Hilfe von PostScript-Befehlen. Dabei werden die Konturen der Buchstaben durch Vektoren beschrieben (Printerfont). Für die Darstellung des Fonts am Bildschirm dient eine separate Datei (Screenfont), die das Grafikmodell des jeweiligen Betriebssystems nutzt. PostScript-Fonts sind plattformgebunden und können 256 Zeichen pro Font enthalten.

PostScript: Seitenbeschreibungssprache, die seit 1984 von Adobe Systems entwickelt wird. Dient in der grafischen Industrie vorwiegend zur Ansteuerung von Ganzseitendruckern (z. B. Laserdrucker). Sie ist aber auch mathe-matische Grundlage professioneller Grafik- und Layoutprogramme wie Illustrator, Freehand oder InDesign. Graphische Elemente und Schriften werden auflösungsunabhängig mit Hilfe von Vektoren beschrieben. Pixel-Graphiken Hingegen werden gerastert. PostScript ist eine wesentliche Grundlage der modernen digitalen Druckvorstufe.

Preflight: Englischer Ausdruck für Datenprüfung, abgeleitet von der Sicherheitsprüfung eines Flugzeugs vor dem Abflug. Daten müssen vor der Ausgabe auf ihre Richtigkeit überprüft werden. Gängige Datenprüfprogramme sind Flightcheck von Markzware oder PitSto->von Enfocus. Beim Preflight-Check in der Druckvorstufe werden die Dateien unter anderem auf das Vorhandensein benötigter Fonts und Abbildungen untersucht. Es können aber auch Warnungen bei zu geringer (oder zu hoher) Auflösung von Bildern, Schmuckfarben und anderen problematischen Elementen ausgegeben werden (TrueType-Fonts, Haarlinien, gedrehte Bilder, komplexe Verläufe oder Pfade).

Primärschlüssel: Ist ein Schlüssel der eine Datensatz eindeutig kennzeichnet. Es ist die Spalte innerhalb einer Datenbank die einen eindeutigen Wert enthält.

Fremdschlüssel: Ist ein Attribut in einer Relation(Tabelle) welches eine Beziehung zu einem Schlüsselfeld einer anderen Relation (Tabelle) herstellt.

Printing On Demand: Bezeichnung für ein Publikationsverfahren, mit dem Kleinstauflagen produziert werden können. Es basiert auf der Digitaldrucktechnik und kombiniert diese mit für Kleinstauflagen geeigneten Weiterverarbeitungsverfahren. Ein Druckerzeugnis liegt zunächst nur in elektronischer Form vor und kann unmittelbar nach der Bestellung hergestellt werden.

Profile Connection Space: Farbraum, der zur Verrechnung von Profilen bei Farbraum-transformationen dient. Im ICC Color Management ist dies entweder CIE-XYZ oder CIE-Lab.

Glossar

Proofdruck: Herstellung von Seiten-andrucken anhand digitaler Daten, ohne Filmauszüge. Ziel ist die Überprüfung von Layout und Farbe vor dem endgültigen Auftragsdruck. Man unterscheidet dabei zwischen Standproof und Kontrakt Proof. Beim Standproof geht es ausschließlich um die richtige Positionierung der Seitenelemente. Der Kontraktproof umfaßt darüber hinaus auch die korrekte Farbigkeit, die visuell und messtechnisch vom Kunden überprüft und abgenommenwird. Ein Kontraktproof ist stand- und farbverbindliche Vorlage für den Druck und die daraus resultierende Rechnungslegung. Meist werden für digitale Proofs Tintenstrahldrucker eingesetzt, da sie den größten Farbraum besitzen und somit die Farbanmutung anderer Druck-verfahren am besten simulieren können.

Prozessstandard Offsetdruck (PSO): Seit 2002 vom Bundesverband Druck veröffentlichte Richtlinie zur Standardisierung der digitalen Druckvorstufe bis hin zur Druckausgabe. Ein wesentliches Kernelement des PSO ist der konsequente Einsatz von Color Management. Im PSO werden Anleitungen für die Datenübernahme und -aufbereitung beschrieben, sowie Toleranzen für den standardisierten Offsetdruck festgelegt. Auch Kontrollmöglichkeiten zur Überprüfung einzelner Produktionsschritte sind beschrieben.

Punktzuwachs: Eine Änderung der Größe der Rasterpunkte, die beim Erstellen der Druckplatten und während des Druckvorgangs entstehen kann. Hierdurch kommt es, vor allem in den mittleren Tonwerten, zu unerwünschten Farbver-schiebungen.

R

Rakel: Meist ein geschliffenes Stahlband, beim Siebdruck ist ein Rakelgummi. Im Tiefdruck dient die Rakel dazu, überschüssige Druckfarbe vom Druckzylinder und der Druckplatte abzustreifen (abrakeln), wohingegen sie beim Siebdruck dazu verwendet wird, dienFarbe durch das Sieb zu pressen.

Raster Image Processor (RIP): Spezialisierter, sehr leistungs-fähiger Computer, der bei der Druckausgabe digitaler Daten für die Verarbeitung des Druckdatenstromes, häufig als PostScript-Code, zuständig ist. Der RIP interpretiert den Code und setzt ihn in Punkt-informationen (= Maschinensprache) für die Belichtungseinheit des jeweiligen Druckers um (= Rasterung). Es gibt Hardware-RIPs, die in die Ganzseiten-drucker eingebaut sind, und Software-RIPs, die auf einem getrennten Computer installiert werden. Software-RIPs haben den Vorteil, daß sie leichter aktualisiertwerden können.

Rasterpunkt: Ein Rasterpunkt setzt sich aus vielen kleinen Elementen zusammen. Es handelt sich dabei um so genannte Pixel, die in einer Matrix (Rasterzelle) zusammen gefasst werden. Die Form eines Rasterpunktes kann rund, quadratisch oder auch elliptisch sein.

Rasterung: Optischer Trick, um Farbnuancen im Vierfarbdruck darstellen zu können. Raster sind geometrische Muster aus winzig kleinen Farbpunkten in unterschiedlichen Größen. Das menschliche Auge erfasst die Rasterpunkte als Farbmischung. Durch die unterschiedliche Größe und Überlagerung der Rasterpunkte kann die Farbmischung gesteuert werden.

Rasterweite: Dieser Wert gibt an, wie viele Rasterpunkte pro Einheit (cm, inch) im Druck nebeneinander liegen können. Eine Raster-weite von 60 L/cm (= Linien pro cm) bedeutet, daß auf einer Länge von 1 cm 60 Rasterpunkte nebeneinander gedruckt werden.

Rasterwinkel: Beim Druck mit mehreren Farben wird das geometrische Gitter aus Rasterpunkten für jede Druckfarbe um einen bestimmten Winkel gedreht, da sich sonst alle Farben exakt überlagern würden und keine Farbmischung entsteht. Die traditionellen Winkel sind 75° (C), 15° (M), 0° (Y) und 5° (K) und sind in der DIN 16547 festgelegt.

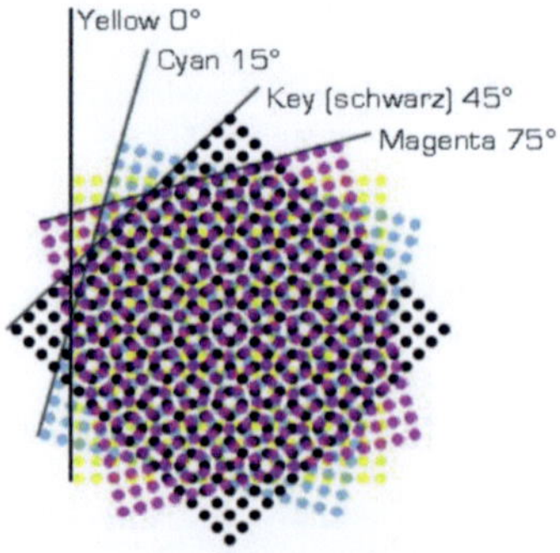

Redudanzfreiheit: Von Redundanzen spricht man wenn mehrfach dieselben Informationen gespeichert werden. Dies führt zu unnötigem Datenballast, sie machen die Datenbank langsam. Redundanzfreiheit heißt also ohne doppelte Daten

Reinzeichnung: Liegt das Material in Form von Text-, Bild- und Grafikdateien vor, und ist der Entwurf vom Kunden abgesegnet, kann die Reinzeichnung erstellt werden. Man versteht darunter eine belichtungsfähige Datei.

Relationale Datenbank: Eine relationale Datenbank kann man sich als eine Sammlung von Tabellen (den Relationen) vorstellen, in welchen Datensätze abgespeichert sind. Jede Zeile (Tupel) in einer Tabelle ist ein Datensatz (record). Jedes Tupel besteht aus einer Reihe von Attributwerten (Attribute = Eigenschaften), den Spalten der Tabelle. Das Relationenschema legt dabei die Anzahl und den Typ der Attribute für eine Relation fest.

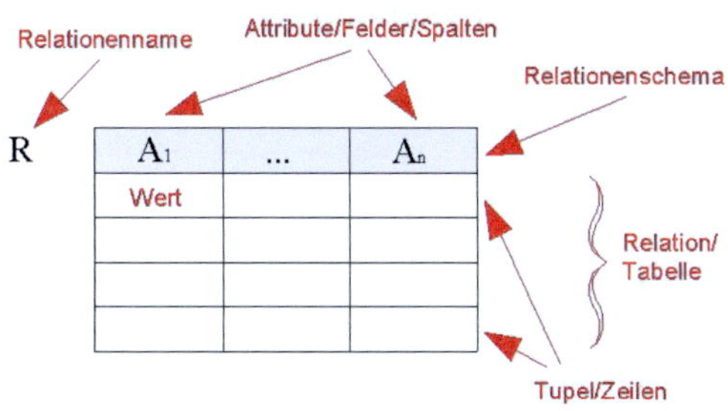

Reliefdruck: Wird auch als Thermografie bezeichnet und ist eine noch relativ junge, kostengünstige Alternative zum Stahlstichprägedruck. Da keine Gravurherstellung erfolgt, ist es gut bei häufig wechselnden Inhalten einsetzbar. Es ist kostengünstiger und weniger zeitaufwändig. Ein Reliefdruck ist nicht so gestochen scharf wie Stahlstich, aber dafür kann er flächig verarbeitet werden.

Rendering Intent: Umrechnungsmethode, die beim Gamut Mapping (überführen eines Farbraums in einen anderen) verschiedener Profile zum Einsatz kommt. Es gibt vier verschiedene Rendering Intents - perzeptiv, relativ farbmetrisch, absolut Farbmetrisch und sättigungserhaltend.

- perzeptiv:

ist die übliche Umrechnungsform. Bei der Transformation werden Farben, die weit außerhalb des Zielfarbraums liegen sehr stark, Farben am Rand des Zielraums weniger stark und Farben im inneren des Zielraums nur ganz leicht.

- relativ Farbmetrisch:

wenn Quellfarbraum und Zielfarbraum etwa gleich groß sind. Beim relativ farbmetrischen Rendering Intent werden alle Farben des Quellfarbraums, die nicht im Zielfarbraum liegen, auf die am nächsten liegende Farbe des Zielfarbraums abgebildet. Alle Farben, die im Zielfarbraum liegen, bleiben visuell unverändert.

- absolut Farbmetrisch

absolut farbmetrische Rendering Intents reproduzieren Farben, die innerhalb des kleineren Farbraums liegen, exakt, und schneidet die Farben außerhalb des Zielfarbraums beim nächsten reproduzierbaren Farbton ab. Der absolut farbmetrische Rendering Intent erhält also Sättigung und Helligkeiten.

- sättigungserhaltend

Der Rendering Intent versucht, die Sättigung des Bildes zu erhalten und empfiehlt sich weniger für fotografische Bilder, sondern eher für Grafiken, wo kräftige Farben angestrebt werden.

Repeater: Ist ein Signalverstärker in der Bitübertragungsschicht. Rauschen und Verzerrungen werden entfernt. Bevorzugter Einsatz bei BUS Topografie um die Kabellänge zu erhöhen

RGB: Farbmodell der additiven Farb- mischung. Die drei Grundfarben Rot, Grün und Blau addieren sich zu Weiß. Dieses Farbmodell kommt immer zur Anwendung wenn direktes Licht mit im Spiel ist, also bei bei Scannern, digitalen Kameras, Computermonitoren.

Rheologie: Lehre vom Fließen

Rich Text Format - RTF: Plattformübergreifendes Austauschformat für Textinformationen. Dabei bleiben Formatierungen weitgehend erhalten und es gibt beim Austausch zwischen Macintosh und Windows keine Probleme mit vertauschten Sonderzeichen.

Rillen: Ist bei dickeren Papieren und Kartonagen notwendig. Durch Druck entsteht im Papier eine Rille, an der entlang ein sauberer Bruch beim Falzen entsteht.

RIP: Raster Image Processor. Rechner mit Interpreter-Software, der ankommende Ausgabedaten in Form von PostScript oder PDF in ein Pixelmuster (Bitmap) umrechnet, um Ausgabegeräte, wie Film-, Plattenbelichter oder Druckmaschinen, anzusteuern. Der RI->übersetzt die in der PS-Datei enthaltenen Buchstaben, Grafiken und Bildercodes in ein Rasternetz von Punkten (Pixel), das das Ausgabegerät verarbeiten kann. Man unterscheidet zwischen Hardware-RI->und Software-RIP

Rüstzeit: So bezeichnet man in einer Druckerei die Zeit, die dazu benötigt wird, eine Druck-maschine für einen Druck-vorgang einzurichten und sie beispielsweise mit den notwendigen Farben und Druckplatten zu bestücken.

S

Sammeln: Bei diesem Schritt der Druckweiterverarbeitung werden Falzbogen zu einem Block zusammengefügt, indem man sie ineinander steckt. In manchen Fällen erfolgt keine abschließende Heftung oder Bindung der Falzbogen. Meist jedoch ist das Sammeln Bestandteil der Druckbogenverarbeitung in Form von Sammelheftern.

Satzarten: linksbündiger Flattersatz, rechtsbündiger Flattersatz, zentrierter Satz, Formensatz, Blocksatz.

Satzspiegel: Als Satzspiegel bezeichnet man den im Layoutentwurf vorgesehenen Bereich für Text und Abbildungen. Man unterscheidet konventionellen und unkonventionellen Satzspiegel. Der konventionelle Satzspiegel ist symmetrisch und folgt bestimmten Proportionsgesetzen, z. B. nach der Villardschen Figur dem Goldenen Schnitt oder der Neunerteilung. Der Satzspiegel kann aber auch asymmetrisch, frei bestimmt werden.

Schmalbahn: Laufrichtung parallel zur langen Formatseite

Schmuckfarben: Farben, die nicht mir den vier Grundfarben CMYK darstellbar sind, also außerhalb des Farbraums CMYK liegen. Im klassischen Offsetdruck werden sie meist als separate Farbe angemischt und in einem eigenen Durchgang gedruckt, zusätzlich zu den Prozessfarben (5. oder 6. Farbe).

Schweizer Broschur: Ein Spezialfall der Broschur. Dabei wird der aus Falzbogen bestehende Innenteil der Broschur Fadengeheftet oder Klebegebunden, dann gefalzt und nur auf der dritten Seite des Umschlags eingehängt.

Schwertfalz: Falzverfahren der Druckweiterverarbeitung, bei dem das Druckprodukt über Walzen oder Bänder zu einem Falzschwert geführt und durch das Schwert durch die Walzen gepresst wird.

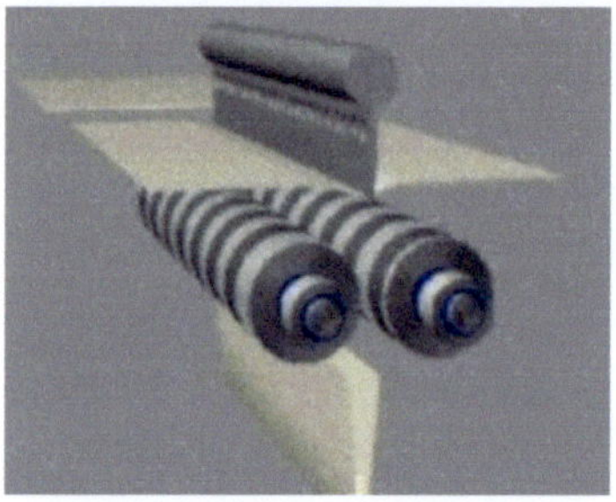

Scribble: Ideenskizze, die erste Gedanken visualisiert. Der nächste Schritt ist das Rohlayout: Umsetzung des Scribbles. Am Ende folgt das Reinlayout: Verfeinerung des Rohlayouts.

Signet: Wenn ein Unternehmen nur durch eine Bildmarke repräsentiert wird.

Skelettschwarz: Ein schwarzer Farbauszug in einer Vierfarbseparation, der nur Kontrast und Details in den dunkelsten Regionen der Abbildungen hinzufügt und daher relativ wenig Schwarz enthält. Diesen Schwarzaufbau bezeichnen Drucker oft auch als „kurzes Schwarz".

Slogan: Werbebotschaft der die Kernaussage eines Unternehmens zusammenfasst.Der Slogan steht meistens in direkter Verbindung mit dem Logo als Wort-Bildmarke.

Softproof: Möglichst farbrichtige Darstellung von Bild- und Farbdaten am Bildschirm. Dabei soll die spätere Druckausgabe simuliert werden.

Spektralphotometer: Messgerät für Farbe, wobei das zu erfassende sichtbare Spektrum des Lichts in kleine Intervalle zerlegt und die Lichtintensitäten in Intervallen einzeln gemessen werden. Liefert die genauesten Messwerte und ist unabhängig von Lichtverhältnissen. Die Messwerte können beispielsweise als CIE-Lab oder CIE-XYZ ausgegeben werden.

Spiral- und Plastikbindung: Bindeverfahren in der Druckweiterverarbeitung. Dabei wird ein schraubenförmig gewickelter Metall oder Kunststoffdraht durch vorher angelegte Stanzlöcher gezogen. Vor allem in Copy Shops oder Büroumgebungen wird als schnelle und preisgünstige Variante die Plastikkammbindung verwendet. Dabei werden die Druckbogen an der Blattkante mit Stanzlöchern versehen, in die ein vorgefertigter Kamm, der mit Plastikzinken versehen ist, eingesetzt wird.

Spotlackierung: Hauptsächlich bei Verpack-ungen für besondere Effekte eingesetzte Art der Veredelung. Dabei werden ausgesparte Stellen mit nicht so stark glänzendem Dispersionslack versehen. Für ausgefallene Produkte werden in vielen Fällen auch z.B. Gold-, Silber-, Perlmut-, Rubbel- oder Duftlacke verwendet.

SQL: Ist eine Datenbanksprache zur Definition, Abfrage und Manipulation von Daten in Relationalen Datenbanken.

Stammdaten: Verändern sich kaum. Das können Kundendaten wie Adressen sein aber auch Mitarbeiter u.ä.

Stellenbeschreibung: siehe Arbeitsplatzbeschreibung

Stochastisches Raster: Verfahren zur Erzeugung von Druckrastern, bei dem nicht die Größe, sondern die Anzahl der Rasterpunkte variiert wird, um unterschiedliche Tonwerte zu erzeugen (frequenzmoduliertes Raster).

Subtraktive Farbmischung: Werden verschiedene Körperfarben miteinander gemischt, absorbieren die Farbpigmente jeweils verschiedene Teile des Lichts, und man sieht dieFarbe, deren Anteil von allen Farben am wenigsten verschluckt wird. Werden alle Anteile des Lichts absorbiert, wird dies als Schwarz wahrgenommen.

Suffix: Namenserweiterung eines Dateinamens

Switch: Ist ein leistungsfähigerer Hub. Er legt eine SAT Source Adress Table an und leitet danach nur an entsprechende Zieladress weiter. Er arbeitet auf der 2 OSI Schicht.

T

Tabloid Format: Im Zeitungsdruck halbes Format (halbe Bahnbreite) Die Bahn wird auf dem Falztrichter aufgeschnitten und anschließend im Falzaparat Quergefalzt.

TCP: Das Transmission Control Protocol (TCP) (zu dt. Übertragungssteuerungsprotokoll) ist eine Vereinbarung (Protokoll) darüber, auf welche Art und Weise Daten zwischen Computern ausgetauscht werden sollen. Alle Betriebssysteme moderner Computer beherrschen TCP und nutzen es für den Datenaustausch mit anderen Rechnern. Es stellt eine deutliche Vereinfachung gegenüber dem OSI Schichtsystem dar.

Glossar

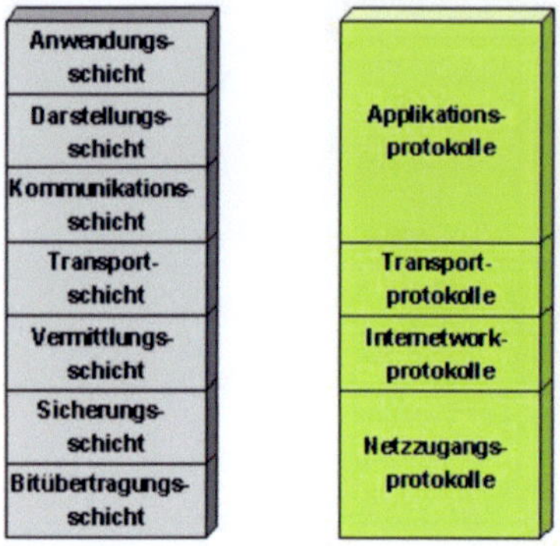

Tertiärfarben: Mischt man alle drei Primärfarben erhält man Tertiärfarben.

Thermotransferdruck: Ein Thermotransferdrucker besitzt einen Thermodruckkopf mit vielen einzelnen Heizpunkten (dots). Als Farbträger dient ein Thermotransferband (TTB), von dem die Farbe thermisch übertragen wird. Beim Erhitzen der einzelnen Dots des Thermodruckkopfes wird die Farbe auf dem TTB geschmolzen und bleibt auf dem Bedruckstoff haften. Während der Thermodruckkopf still steht, laufen Bedruckstoff und TTB synchron unter dem Thermodruckkopf hindurch. Einsatzgebiete sind heute das Bedrucken von CDs / DVDs und von Etiketten.

TIFF: TIFF (Tagged Image File Format) ist eines der ältesten Speicherformate für Pixelbilder. Unterstützt sehr viele Details, bis hin zu Color Management Informationen, Ebenen, verschiedene Kompressionsmöglichkeiten und Datentiefen. Ist in der Druckvorstufe eines der flexibelsten Austauschformate.

Tonwert: Maß für den optischen Eindruck einer gerasterten Fläche ausdrückt in % . Der Tonwert gibt bei Rastern das prozentuale Flächenverhältnis von Rasterpunkten zur Gesamtfläche an.

Tonwertumfang: Der Bereich von den hellsten Bildstellen (Lichter) bis zu den dunkelsten Bildstellen (Tiefen). Die Grenzen des Tonwertumfanges werden durch die Flächendeckung der Rasterpunkte in Prozent definiert, z.B. 5% in den Lichtern, 95% in den Tiefen.

Tonwertzunahme: Beim Drucken mit flüssigen Druckfarben vergrößern sich die Rasterpunkte aufgrund der Absorption durch den Bedruckstoff und den Druck der Rollen in der Druckmaschine. Durch das Farbannahmeverhalten eines Papiers entsteht eine höhere Flächendeckung als beabsichtigt. Dadurch wird der Gesamteindruck des Druckbildes dunkler. Die Höhe der Zunahme wird als Tonwertzunahme bezeichnet.

Transparenz: Besonderheit des PDF-Format (ab Spezifikation 1.5). PostScript kann beispielsweise keine echten Transparenzen, also durch-scheinende Farben, darstellen und muss die visuelle Wirkung simulieren. In PDF-Dateien können Objekte mit Transparenzen ohne visuelle Tricks erhalten werden. Bei Pixelbildern werden transparente Bereiche durch Ebenen, Masken oder Alpha-Kanäle erzeugt und verwaltet.

Trapping: Überfüllung / Unterfüllung in der Reprotechnik beim Bildaufbau. Damit wird die Überlappung zweier aneinanderstoßender Farbflächen bezeichnet. Die Flächen werden gering verbreitert damit ein Fehlpasser nicht mit weißen Blitzern auffällt.

Trichterfalz: Falzverfahren der Druckweiterverarbeitung. Die Falzung erfolgt meist mit Hilfe von Falztrichtern. Das können sowohl Außen- oder auch Innentrichter sein. Nach dem Durchlaufen des Falztrichters werden die gefalzten, noch endlosen Bahnen mit Hilfe eines Schneidzylinders quer in die benötigten Segmente geschnitten.

TrueType: Schriftfontformat, vor allem auf Macintosh und Windows-Rechnern verbreitet. Im Gegensatz zu PostScript-Fonts sind die Informationen für Bildschirm- und Druckdarstellung in einer Datei enthalten. Das Betriebssystem benötigt aber einen „Rasterizer" zur Bildschirmdarstellung. TrueType-Fonts können auch von den meisten PostScript- RIPs verarbeitet werden.

Typographie: Gestalten von Text, um die bestmögliche Lesbarkeit, Funktionalität und Ästhetik zu erzeugen. Typografische Gestaltungsmittel: Schrift, Punkt, Linie, Fläche, Farbe, Weißraum, Kontrast etc.

Typografische Gestaltungsgrundsätze: Kontrast, Proportion, unterschiedliche Schriftcharaktere, Schriftarten passen, Harmonie, Rhythmus, deutliche Schriftgrößenunterschiede

U

UCR - Under Color Removal: Entfernen der sogenannten Unterfarben. Eine Variante des GCR zur Bestimmung des Schwarzaufbaus bei der Farbseparation. Dabei Werden in den dunklen und neutralen Farbbereichen die Farbanteile von Cyan, Magenta und Gelb reduziert und möglichst viel schwarze Farbe verwendet.

Überfüllen: Verfahren zum Ausgleich von Registerdifferenzen während des Drucks. Bei Farbflächen in Grafiken, die sich direkt berühren, werden an den Kanten der Berührungszone feine Linien in einer Mischfarbe beider Flächen erzeugt. Dadurch wird verhindert, daß zwischen den Farbflächen weiße Bereiche (Blitzer) entstehen.

Umschlagen: Dabei wird in der Druckmaschine ein Bogen so gewendet, dass die Seitenmarke wechselt, die gleiche Seite jedoch an den Vordermarken bleibt. Nach dem Umschlagen liegt die Rückseite des Bogensoben.

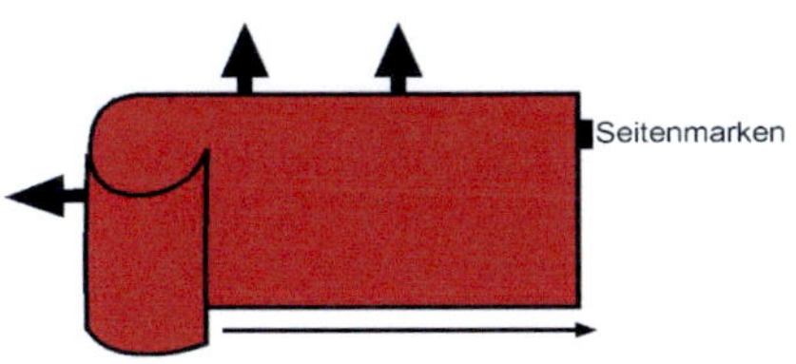

Umstülpen: Dabei wird in der Druckmaschine ein Bogen so gewendet, dass die gleiche Seite an der Seitenmarke bleibt, die Vordermarke jedoch wechselt. Nach dem Umstülpen liegt die Rückseite des Bogens oben.

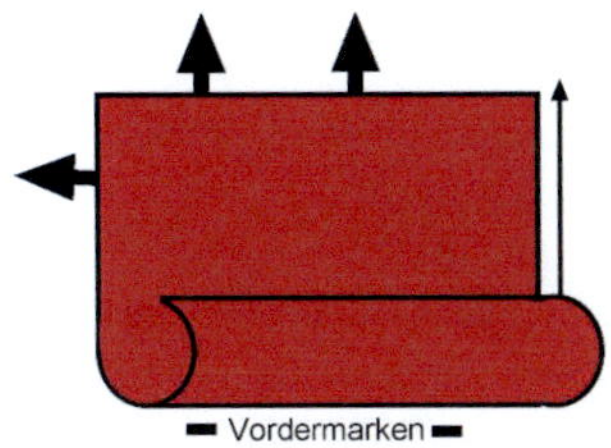

UV-Lack: Die Verwendung von UV-Lacken hat in den letzten Jahren rasant zugenommen. Sie bieten hohen Glanz und Abriebfestigkeit. UV-Lacke werden nicht getrocknet, sondern unter UV-Strahlung in Sekundenschnelle ausgehärtet. Durch den schnellen Aushärtungsprozess kann der Druckbogen sehr schnell weiter verarbeitet werden.

V

Vektorpfad /Vektorgrafik: Abstand zwischen zwei Punkten ausschließlich durch Anfangs- und Endpunkt sowie die Kurvensteigung definiert. In PostScript werden alle grafischen Objekte (Linien, Flächen, Buchstaben bis hin zu komplexen Illustrationen) durch Vektorpfade definiert. Im Vergleich zu Pixeldaten benötigen Vektorinformationen erheblich weniger Speicherplatz.

Veredelungsverfahren: Prägen, Stanzen, Kaschieren, Laminieren, Strukturprägung, Lackieren, Flocken, Vergolden

Verwertungsrechte: Nach dem Urheberrechtsgesetz die Vervielfältigungsrechte, Verbreitungsrechte, Veröffentlichungsrechte.

Verwertungsrechtegesellschaften:

- GEMA: Gesellschaft für musikalische Aufführungs rechte und mechanische Vervielfältigungsrechte, Rechtevergabe von Kompositionen, Textdichtung und Musikwerken von Musikverlagen
- GVL: Gesellschaft zur Verwertung von Leistungs schutzrechten mbH, Rechtevergabe von CD- und Schallplattensendung, Sendung von Videoclips und der öffentlichen Wiedergabe von Tonträgern und Sendungen
- VG WORT: Verwertungsgesellschaft Wort für

Schriftsteller, Journalisten u.ä.

- VG BILD-KUNST: Verwertungsgesellschaft Bild-Kunst, Rechtevergabe von Bildern und Kunst.
- VFF: Verwertungsgesellschaft für Film und Fernsehgesellschaften mbH, Rechtevergabe von selbständigen Filmeherstellern und Fernsehauf tragsproduzenten.
- VGF: Verwertungsgesellschaft für Nutzungsrechte an Filmwerken mbH, Rechtevergabe von Filmherstellern und Filmurhebern.
- GWFF: Gesellschaft zur Wahrnehmung von Film- und Fernsehrechten mbH, Rechtevergabe im Bereich des erotischen und pornographischen Films.
- GÜFA: Gesellschaft zur Übernahme und Wahrneh mung von Filmaufführungsrechten mbH, Rechtevergabe im Bereich der Filmaufführung.

Versalien: Großbuchstaben

Viskosität: Maß für die innere Reibung von Flüssigkeiten

W

Web 2.0: veränderte Nutzung und Wahrnehmung des Internets. Die Benutzer erstellen, bearbeiten und verwalten Inhalte in quantitativ und qualitativ entscheidendem Maße selbst, unterstützt von interaktiven Anwendungen.

Wegschlagen: Aufsaugen / Eindringen von flüssigen Bestandteilen der Farbe in die Poren eines saugfähigen Bedruckstoffes.

Werkdruckpapier: Diese Papierart besitzt, im Vergleich zu anderen Papieren, ein höheres Volumen bei gleicher Grammatur. Werkdruckpapiere werden meist bei der Herstellung von Büchern eingesetzt.

Wickelfalz: Eine Form des Parallelfalzes, bei der zwei oder mehrere gleich breite Teile des Falzbogens ohne Richtungs-wechsel um ein Bogenteil gefalzt werden. Bei zwei parallelen Falzungen ergeben sich aus einem Falzbogen 3 Blatt bzw. 6 Seiten. Man spricht hier von einem Zweibruch-Wickelfalz. Ein Dreibruch-Wickelfalz ergibt 4 Blatt bzw. 8 Seiten.

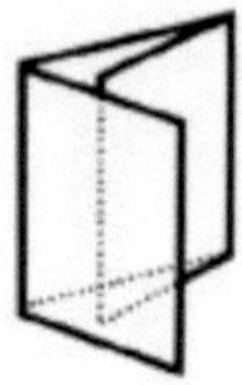

Wire o Bindung: Wie bei einer Spiralbindung wird eine Lochreihe gestanzt. Jedoch wird die Endlosspirale hier als Doppelring vor und zurückgeführt. Dadurch Stabiler und einzelne Blätter können entnommen werden.

Wollskala: Als Lichtechtheitsmaßstab dient bei den normgerechten Prüfungen eine Skala von acht blauen, in ihrer Lichtechtheit abgestuften Typfärbungen auf Wollgewebe von ca. 1 cm Breite, die zusammen mit den Proben in einem Prüfgerät der Bestrahlung ausgesetzt werden. Die Lichtechtheit wird in acht verschiedenen Stufen (WS1-WS8) erfaßt. Der Wollskalenwert sieben bedeutet, dass die Farbe durchschnittlich 350 Freilichttage in Deutschland aushält bevor sie auszubleichen beginnt

Workflow: Workflow ist der reibungslose Produktionsablauf von der Planung über die Herstellung und Überwachung bis zur Qualitätskontrolle.

XYZ

XML (Extensible Markup Language): Standard zur Erstellung digitaler Dokumente in Form einer Baumstruktur. Wird vom World Wide Web Consortium (W3C) definiert. XML bestimmt dabei die Regeln für den Aufbau solcher Dokumente. Dabei werden die Details der jeweiligen Dokumente spezifiziert und deren Anordnung durch Struktur-elemente (Tags) festgelegt.

Zeitungsformate:

Rheinisches Format	365mm x 510mm
Halbes Rheinisches Format	255mm x 365mm
Berliner Format	315mm x 470mm
Norddeutsches Format	400mm x 570mm

Teil 1: Wirtschaft

Olfert, Klaus – Einführung in die Betriebswirtschaftslehre, Kiehl-Verlag, 2005, Ludwigshafen (Rhein)

Olfert/Rahn – Organisation, Kiehl-Verlag, 2004, Ludwigshafen (Rhein)

Olfert – Personalwirtschaft, Kiehl-Verlag, 13. Auflage, 2008, Ludwigshafen (Rhein)

Beste/Hahn/Wolf – Rechnungswesen für Medienberufe, Bildungsverlag EINS, 1. Auflage, 2006, Troisdorf

Deitermann/Rückwart/Schmolke – Industrielle Kosten und Leistungsrechnung, Winklers-Verlag, 37. Auflage, 2009

Teil 2: Medien

Kipphahn, Handbuch der Printmedien, 2007

Böhringer/Bühler/Schlaich – Kompendium der Mediengestaltung, Springer-Verlag, 4. Auflage, 2008

IHK Textbände Industriemeister Digital und Printmedien, DIHK-Verlag, 2007

Litke/Kunow/Schulz-Wimmer – Projektmanagement Taschenguide, Haufe-Verlag, 2009

Krause/Krause – Die Prüfung der Industriemeister, Kiehl-Verlag, 5. Auflage, 2007

Haberbecks Druckberater, 15. Auflage, 2008/2009